空间设计基础

第 4 版

［美］马克·卡兰（Mark Karlen）

［美］罗伯·弗莱明（Rob Fleming）

著

姚达婷 译

電子工業出版社
Publishing House of Electronics Industry
北京·BEIJING

Space Planning Basics（4th Edition）

978-1-118-88200-9

Mark Karlen & Rob Fleming

Copyright © 2016 by John Wiley & Sons, Inc. All rights reserved.
All rights reserved. This translation published under license.

No part of this book may be reproduced in any form without the written permission of John Wiley & Sons, Inc.

Copies of this book sold without a Wiley sticker on the cover are unauthorized and illegal.

本书中文简体字版专有翻译出版权由美国John Wiley & Sons, Inc.授予电子工业出版社。未经许可，不得以任何手段和形式复制或抄袭本书内容。

版权贸易合同登记号　图字：01-2019-2182

图书在版编目（CIP）数据

空间设计基础：第4版/（美）马克·卡兰（Mark Karlen），（美）罗伯·弗莱明（Rob Fleming）著；姚达婷译．— 北京：电子工业出版社，2019.7

书名原文：Space Planning Basics（4th Edition）

ISBN 978-7-121-36574-4

Ⅰ．①空… Ⅱ．①马… ②罗… ③姚… Ⅲ．①室内装饰设计 Ⅳ．① TU238.2

中国版本图书馆CIP数据核字（2019）第092769号

策划编辑：郑志宁
责任编辑：郑志宁
文字编辑：杜　皎
特约编辑：马寒梅
印　　刷：三河市双峰印刷装订有限公司
装　　订：三河市双峰印刷装订有限公司
出版发行：电子工业出版社
　　　　　北京市海淀区万寿路173信箱　　邮编：100036
开　　本：889×1194　1/16　　印张：15.25　　字数：274千字
版　　次：2019年7月第1版（原著第4版）
印　　次：2019年7月第1次印刷
定　　价：89.00元

凡所购买电子工业出版社图书有缺损问题，请向购买书店调换。若书店售缺，请与本社发行部联系，联系及邮购电话：（010）88254888，88258888。
质量投诉请发邮件至zlts@phei.com.cn，盗版侵权举报请发邮件至dbqq@phei.com.cn。
本书咨询联系方式：010-88254210，influence@phei.com.cn，微信号：yingxianglibook。

目录

前言 · vii
引言 · ix

第 1 章　设计方法 · 1
专业术语及其含义　2
预设计与实际设计的衔接　3
设计方案　6
设计标准矩形列表　12
标准设计草图　14
完善设计标准矩形列表　21
关系图　28
关于设计方法的最后说明　33
推荐书目　33

第 2 章　初步设计：气泡图和分区图 · · · · · · · · · · · · · · · · 35
气泡图　35
空间设计练习　41
分区图　42
推荐书目　46

第 3 章　小型和复杂空间设计 · 47

人员因素　51

无障碍设计标准　53

通道和出入口　54

家具设计和安放　59

推荐书目　62

第 4 章　建筑外壳及其主要系统 · · · · · · · · · · · · · · · · · · · 63

建筑外壳　64

管道系统　66

暖通空调系统　69

推荐书目　72

第 5 章　重要影响因素 · 73

建筑规范　73

绿色建筑评级系统　75

照明设计　76

声效设计　81

设计的经验法则　84

灵活性 / 多功能　85

家具　86

空间质量　86

室内设计专长　87

推荐书目　87

第 6 章　粗略平面图 · 91

开始绘制粗略平面图　93

关注现实施工　95

从管道设置开始　95

主要空间　96

流通空间　96

基本房间分配　98

家具和设备　98

储存空间和文件收纳　101

空间质量　101

可持续性目标　103

审图　103

修改平面图　104
推荐书目　109

第 7 章　完善平面图 · 111
完善粗略平面图　112
初步平面图　113
绘图质量和技巧　114
推荐书目　124

第 8 章　提升设计技能 · 125
基本情况介绍　125
项目中的子项目　127
开放式整体办公设备　129
租赁型办公楼设计　130
未来规划　131
设计新建筑　132
结语　134

第 9 章　楼梯设计基础 · 135
楼梯的功能、作用和历史　136
楼梯建造法规、尺寸和配置　148
梯面宽度　152
楼梯设计案例研究——第一阶段　168
楼梯设计案例研究——第二阶段　179
推荐书目　189

附录 A　楼梯术语 · 191

附录 B　设计方案和建筑外壳 · · · · · · · · · · · · · · · · · 193
设计方案　193
建筑外壳　219

前言

《空间设计基础》第 4 版主要有两个新特点：第一，增加了电子版的内容（网址 http://www.wiley.com/go/karlenspace4e）。所有插图、设计方案和建筑外壳图纸都可以在该网站找到。因此，读者在完成课后练习后，可以方便地复制插图、模型和平面图到自己计算机上，进行进一步加工和操作。第二，本书整合了可持续设计理念。可持续设计虽然不是必需的，但其已成为空间设计的一个重要因素。为打造高质量的室内空间，提高生活品质，人体舒适度、社交活动需求和高效美观的工作区域等因素都应被考虑在内。室内设计师对以上因素并不陌生，但这些因素通常和广义的可持续理念没有太大关联。在大多数情况下，可持续设计主要涉及屋顶绿化、太阳能电池板和雨水收集等。因此，对可持续理念和空间设计的整合，要求设计师采取多学科协作的方法。修订版正是以此为目的，引导读者关注可持续设计理念和方法，在设计过程中考虑节水节能、改善采光、提升室内空气质量、有效整合机械系统和加强围护结构等方面。这些无疑都是建筑设计未来必然的发展方向。

在过去两年中，我有幸参与了费城大学联合设计工作室的团队教学工作。这个工作室共有 25 名学生，其中 14 名来自罗伯·弗莱明（Rob Fleming）教授的可持续设计理学硕士课程，其余 11 名是我的室内设计理学硕士课程的学生。除我和罗伯·弗莱明教授外，参与团队教学的还有来自机械工程、景观设计和建筑工程管理专业的兼职教师。两个硕士课程的学生均具有各种不同的本科专业背景，他们被分成4～5人的小组，每个小组承担一个大型城市综合体的改造再利用项目，项目跨度一个学期。每个小组精诚合作，室内建筑师负责室内规划设计，其他人负责可持续设计方面。对所有成员来说，这都是一次成功的、收获颇丰的历练。

对我个人来讲，还有一个额外收获，那就是和罗伯·弗莱明教授在工作室共同设计课程和执教。罗伯·弗莱明教授是一位乐于奉献、精力充沛的教师和课程项目主管，我从他身上学到很多。联合工作室的学生使用的是《空间设计基础》的前一个版本，但他们已经把可持续设计理念融合到解决问题的过程中。我意识到应该把这种理念融入这本书中。很荣幸，罗伯·弗莱明教授同意担任本书第4版的合著者，他对可持续设计的丰富经验和深刻认识将为阅读此书的读者提供新的体验。

除感谢罗伯·弗莱明教授为本书提供关键性内容外，我还要感谢马图拉·达亚古德（Madhura Dhayagude）和普拉提沙·帕特尔（Pratiksha Patel）两位年轻建筑师的协作和帮助，他们负责大量图片素材（从图表、模型、平面图到截面图）的数字化处理和重新编排，为本书制图工作做出了贡献。同时，我也感激凯特·里昂（Kate Lyons）和彼得·埃尔斯贝克（Peter Elsbeck）的设计师/建筑师团队，他们提供了第3章和第6章使用的透视图。和往常一样，我要特别感谢威利出版社的保罗·德劳格斯（Paul Drougas）和赛斯·施瓦兹（Seth Schwartz）编辑在整个过程中一如既往地提供帮助。最后，我衷心希望本书能在空间设计和楼梯设计方面为学生们提供有价值的帮助。

马克·卡兰

（Mark Karlen）

引言

本书是一部指导性工具书，旨在培养和发展读者的室内空间设计技巧，这些技巧可用于高达 4000 平方英尺的有代表性的建筑空间。本书适合个人参考，同样适用于常规工作室教学环境。其内容主要有以下三个特点：

1. 解说性的文字说明。
2. 描述性的图片案例。
3. 推荐性的练习实践。

空间设计是一个复杂过程。正因如此，本书提供了一系列设计练习，从小空间设计过渡到项目要求更复杂的大空间设计，帮助读者逐步培养和发展设计技能。除此之外，书中也包含空间设计基础知识、设计经验法则、制图指导纲要、推荐书目和参考资料等。

本书是一部空间设计的入门书籍，主要针对室内建筑设计中级阶段的学生（学士学位或第一职业学位的二年级和三年级阶段）。更确切地说，本书适用于掌握一定制图技巧，也就是在建筑制图工具、建筑测量和使用制图软件（如 AutoCAD）绘制平面图等方面有一定经验，能够轻松理解和制作正射投影（平面图和立面图）的读者。另外，读者还应掌握固定空间常规布局方法（不包含大规模办公系统布局方法）。最理想的状态是，读者在设计方案开发方面也有一定经验,当然这不是必需的。同样,理解本书也不用具备未分区空间或光地的设计经验。本书不是为备考美国室内设计资格证书(NCIDQ)而专门设置的,但其基本的规划设计方法技能同样适用于该考试的实践部分。

空间设计不是只涉及单一门类知识的简单过程,还包含众多与建筑结构和建造有关的知识,是一个综合诸多门类信息的复杂过程,如分析项目、遵守建造规范、遵循可持续设计原则和保证空间设计符合客户需求等。即便相对较小(几千平方英尺)的空间设计和相对简单的项目要求,也不可能完全避免这些复杂过程。随着专业实践的深入,有经验的设计师将慢慢积累起应对这些复杂问题的知识。本书篇幅有限,将这些复杂过程一一穷尽是不切实际的。本书以简单明了的方式,围绕空间设计这个中心,深入探讨设计过程中可能存在的问题,展现真实的设计场景。

绝大多数专业室内设计作品都是以完工的建筑物为原型的,尚处于规划设计阶段的新建筑物案例较少。有鉴于此,本书重点也是业已完工的建筑室内空间。尚处于规划设计阶段的建筑室内空间设计需要结构设计和围护设计方面的经验,对设计师有更高要求,不是本书讨论的重点。不过,这些内容在第4章到第6章中也有简要介绍。

本书可供阅读学习,也可作为培养发展设计技能的实践向导。设计技能的不断提升,源于不断的练习和实践。高质量的设计方案并不是容易取得的,尤其是在学习之初。为掌握专业技能,学习者应在画板或计算机屏幕上花足够时间,不断地练习实践。不同于其他的问题解决过程,空间设计通常有很多"正确方案",但很少有"完美方案"。它其实是一个满足项目标准的过程,其中处于首要地位的问题必须得到解决,并不重要的问题可能只得到部分解决,或者根本没有解决。简单地说,空间设计总是需要一些折中和妥协,我们寻求的是最佳的可行方案,而不是"正确"或"完美"的方案。善于抓住首要问题并满足设计标准,正是我们在这里谈论的重要技能,而获得这种技能的良好途径是同行交流和评论。因此,课堂讨论,不管正式与否,都非常有意义。寻求同学的建议,同时评论其他同学的设计,将对发展评判技能有很大帮助。善用课堂展示作品和评论,尤其是老师或者客座教师的专业意见,也是很有必要的。随着对自己和他人作品评判经验的积累,评判能力会渐渐地提升,也能对自己的作品做出更好的评判。无论在专业发展的哪一个层面,听取客观评价和寻求不同方案都是很有价值的。

本书描述的渐进式空间设计过程特别适合帮助学生逐步掌握设计这项复杂技能。空间设计师会使用各种不同的高效设计方法，而这些方法并没有优劣之分，因为空间设计本身就是一个创意和创新的过程。随着在学习过程中技能的逐步发展，你也将摸索出符合个人思维方式的多种创作思路，最终形成具有个人风格的、全面的设计方法。

这里要说明一下术语的使用问题。本书包含很多行业术语，这些术语的定义有时因人而异。比如，有些设计师会使用"设计标准矩形列表""标准设计草图""关系图""气泡图""分区图""无障碍""套间""平面草图"和"商业办公大楼"等术语，有些设计师则不用。不同设计师也会使用同一术语来代表不同事物。此外，可持续设计理念的出现也带来了更多的新术语。然而，我们应该心中有数，避免术语不一致给学习造成障碍。

随着设计技能不断发展，你会发现自己所接触和了解的每项新技能都会使你具备更敏锐的专业洞察力，进一步推动你成为更加全面的职业设计师。

推荐书目

本书每章都附有推荐书目，参考书目以星号（*）标注，没有标注星号的是推荐阅读书目。参考书目为本书提及的规划设计相关事项和问题提供了深入的参考。推荐阅读书目是为帮助读者掌握基本规划设计知识和技能，以及一些外围的相关知识。读者可依据个人经历，对这些推荐材料进行选读。

在推荐书目中，我们只列出了核心的、必要的书目。希望读者在使用本书时也能列出自己的优先阅读书目。更确切地说，先把阅读重点集中在空间设计方面，像管道系统、音响装置和室内结构这些目前影响较小的方面可以稍后再阅读。

当然，除这里列出的推荐书目外，还有很多关于空间设计的有价值的参考书和相关信息，同学们可以上网查阅。

与引言内容有关的推荐书目列举如下。

推荐书目

*Ching, Francis D. K. *Interior Design Illustrated* (3rd ed.). Hoboken, NJ: John Wiley & Sons, 2012.

Deasy, C. M. *Designing Places for People*. New York: Whitney Library of Design, 1990.

Hall, Edward I. *Hidden Dimension*. New York: Anchor Books, 1990.

Sommer, Robert. *Personal Space: The Behavioral Basis of Design*. Looe, Cornwall, UK: Bosko Books, 2008.

第1章

设计方法

　　空间设计师经常会接到形式各异的设计任务。大多数客户没有和设计师沟通的经验，也无法提供与设计要求相关的详尽数据。经常是业主找到室内设计师说："过去几年里，我们的员工人数增长了60%，而且还继续快速增长，我们的办公空间已经相当拥挤，应该怎么办？"面对这样的情形，设计师应该进行以下工作：绘制组织结构图；理清人员编制，了解办公人员的工作任务和所需设备；分析工作流程；明确可持续设计方面的需求；把握整个组织机构的人文特点。事实上，设计师对于设计需求的分析、解读和设计方案的整体把握负有全责。

　　另一种典型的情形是，客户在空间设计方面相当有经验，可能还配有专门负责室内设施的管理人员。他们可能为设计师提供员工人数和类型（包括员工设备和办公面积需求）、空间邻接要求和整个工程的人文与审美要求等方面的详尽数据——事实上就是一个完整的空间设计方案。这样，设计师就可以免去收集、分析和整理数据的工作。很明显，设计师需要做的就是充分解读、理解整个项目，明确需要解决的问题是什么。相关内容稍后在本章中进行阐述。

　　多数设计任务介于以上两种典型情形之间。大多数客户在聘请设计团队时会分析说明对空间的设计需求，但缺乏室内设计的专业知识，无法使用比较专业的术语明确说明需要解决的问题，因而不能形成一个设计方案。在多数情况下，设计师接受的设计任务正是这种中间情形。

有些客户有和设计人员合作的经验，但设计师在讨论过程中，对设计要求的洞察力和敏锐度仍然十分重要。有些室内设施管理人员准备的方案只提供了一些硬数据，对于理解整个设计组织动态的微妙之处和照明、音效等细节问题没有多大用处。初看起来似乎很专业、完整的设计方案，可能还需要设计师进一步组织、分析和解读。相反，有些对空间设计完全没有经验的客户，尽管没有详尽的数据，却能为项目提供非常宝贵的设计灵感。

在课堂中完全模拟真实客户和项目场景是很困难的。一般情况下，学生面对的是对真实或虚拟空间进行设计的任务，项目要求和细节以书面形式呈现，通常附有平面图，有些情况下可能还有其他图纸。学生要以这些数据为基础设计出方案。对学生来说，这是一种有效的学习方法，但这种设计练习缺乏和客户的动态交互，同时忽略了公司在收购与合并、管理人员变动、客户团队中可能存在的内部矛盾、预算限制、绿色评级系统和建筑规范等方面真实存在的问题，所有这些问题都会出现在现实的设计场景中。其实，和学生可以实地调研的空间一样，在课堂中设置客户角色也可以使设计任务更加真实。但是，即便有这些模拟场景，我们也应该意识到学生从课堂走向工作岗位还是会遇到很多不可预期和极具挑战性的问题，如各种不同的客户群、把握项目时限（从工期紧的项目到跨度几年的项目）和满足项目预算等。

专业术语及其含义

本书全部使用本章标题"设计方法"来描述提出设计问题到实际设计开始的整个过程，这个过程通常使用气泡图和分区图。在设计行业中，它有时被称为预设计阶段，也就是在实际设计开始之前的调查分析、数据收集和解读。对很多设计师来说，"设计方法"和"项目分析"是一回事，也有设计师认为这里讨论的制图、制表等设计方法不属于项目分析范畴，而是设计过程的一部分。

关于设计方法的书籍有很多，涵盖了常见领域，如面谈程序、问卷调查、观察技巧、产生构思、空间理论与分析、项目分析、设计方法、问题解决和图示思维等。正如引言所提到的，专业术语的使用在设计行业中有时候并不统一。尽管如此，广泛阅读无疑能为预设计过程提供充分的知识和各种行之有效的设计方法。

关于预设计技巧的文献很少，以教学为出发点的书籍尤其少。一般情况下，设计师是以导师制模式，在学校工作室或者设计公司，通过不断在画板或工作区练习，逐步习得预设计技巧的。本书首要目的是为整个空间设计过程提供一套书面参考，其中简要推荐和介绍了一套空间预设计方法。虽说简要，但不能就此认为这个过程不重要。相反，好的空间设计少不了专业透彻的预设计分析。简要介绍预设计方法，提供简单可行的方法，用意在于更快切入实际设计阶段这个主题，更多关注整个设计过程中更为复杂难懂的部分。在此强烈推荐大家广泛阅读预设计技巧（不管文字形式还是图示形式）方面的材料，以便习得应对实际设计问题所需要的不同分析方法和技巧。本章末的推荐书目将为大家提供一些参考。

关于专业术语的另一点简要说明：本书介绍和推荐的几个设计步骤使用了一些独有的专业术语，比如"设计标准矩形列表"和"关系图"。诸如此类，本书都会就这些术语给出明确定义，并指明可能和其他术语产生冲突的地方。

预设计与实际设计的衔接

在设计行业中，设计师接手项目一般先对项目进行分析，完成分析后进入实际设计阶段，这个过程普遍被视为设计任务的形成。项目分析使用的设计技巧和专业术语可能因人而异，一般包含 8 个步骤。下面将以企业或公共机构作为典型场景，简单介绍这 8 个步骤。

1. 面谈
   a. 领导层（机构概览）
   b. 管理层（部门职能）
   c. 执行层（工作流程和设备细节）
2. 观察（现有或相似设施）
   a. 向导式观察
   b. 自助式观察
   c. 拟再利用的现有设备清单
3. 建立环境和建筑参数
   a. 获取完整的总平面图（包括机械和电力设施）
   b. 汇总关联数据（建筑的、历史的、社会的）

      c. 调研环境和规范限制

      d. 收集建筑地点基本信息（日照角度、风向、降雨量）

4. 整理数据（第一阶段）

      a. 以最有利于设计的顺序编排数据

      b. 汇总确定的数据［建筑面积、FF+E（家具、固定装置和设备）数量、设备尺寸等］

      c. 以概念设计的方式记录初步想法

5. 调研未知因素

      a. 收集工作流程和设备细节信息

      b. 收集相似案例信息

      c. 整合调研数据和第一阶段数据

6. 分析数据

      a. 理清区域接合关系（员工关系、公私分区、特殊音效需求等）

      b. 制定空间调度方案（空间利用最大化）

      c. 理清各种关系（建筑地点、周边环境、建筑结构、机械设备、可持续性和电力状况等）

7. 解读数据和制表（完成阶段）

      a. 确定设计中需要解决的功能性问题

      b. 制定基本概念框架（人文／社会、形象／审美和可持续目标）

      c. 制作区域关系接合图表（为客户和设计师提供可视化效果）

8. 总结数据（最终方案）

      a. 敲定项目概念——明确设计问题

      b. 列出和计算各基本预算项目

      c. 准备文件包送客户核准，并留存作为设计指南

    以上介绍的分析步骤还不足以形成一个完整的设计方案。尽管这个分析过程可能已经非常透彻，但形成实际设计方案还需要把分析结果进行整合。整合过程要求设计师对每个分析数据有创新性的认识，能以合理的方式将各种设计元素集合在一起以满足客户需求。这里的"创新性"是广义的含义，其中功能性、审美和技术方面的问题都应该得到妥善解决。空间设计解决问题的关键在于，如何从分析预设计阶段过渡到创新性的实际设计阶段。

    整个空间设计过程其实就是一个整合过程，各项分散的、无关联的因素被合成为一个有效整体。最初从分析阶段向实际设计阶段的创新性思维

跳跃是整个设计过程最难的一步。而预设计分析越透彻,设计师向实际设计阶段过渡就越轻松,并且省时。本书将预设计阶段的分析结果与最终实际设计方案间的空白称为"预设计与实际设计的接合空隙"。它以图例方式呈现最为直观,如图 1-1 所示。

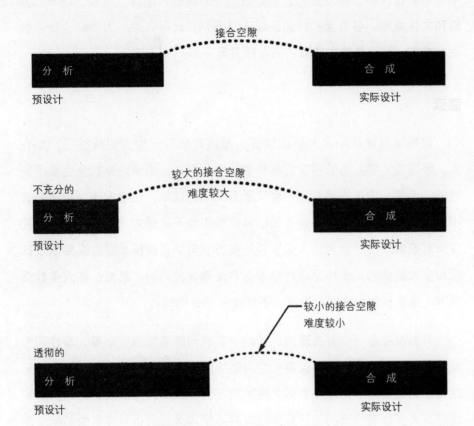

图 1-1　预设计与实际设计的接合空隙

从现实和专业角度出发,设计师需要一套行之有效的方法以便每次接手新任务时有所参照。只收集一些基本信息就开始盯着空白平面图等灵感降临,是完全不切实际的做法。设计师需要能够满足设计时限要求、解决设计问题,并满足其他客户需求的有效设计方法。

工程越庞大,功能性要求越复杂,设计过程就越艰难,甚至令人生畏。无论如何,设计都有行之有效的基本准则,就是将问题分解细化至能够控制的范畴。与其面对一堆复杂的似乎毫无关联的问题,不如将其分解重组,接下来再分析解决这些分解后较小、较易掌控的问题,以更容易得出设计方案的顺序或分类来重新进行组合。所有这些都是为缩小预设计与实际设计的接合空隙。

设计方案

在空间设计中，设计方案是符合并量化客户需求的关于特定项目的书面文件。此外，在大多数情况下，还会附有比口头描述更能说明实际问题的邻接图和关系图。为项目做准备所需的技能并不复杂，但刚开始尝试时不要苛求设计出非常专业的方案。经过不断磨砺，面谈、观察、调研、分析和文件编制，各方面的技能会越来越娴熟。此时，你将为实际设计过程做好准备，从而最终完成真正的设计方案。

面谈

如果项目比较小，人员比较少，面谈对象有一个可能就够了，如业主、经理或主管。随着项目规模和复杂度的增加，面谈对象数量也要相应增加。但是，项目规模和复杂度又是两回事。比如，住宅改造、扩建或者小型法律事务所办公场地设计的项目规模可能不会很大，但面谈对象不包含所有家庭成员或者合伙人似乎并不妥当。当项目规模和复杂度要求设计师和多人面谈时，选择面谈对象本身也是需要技巧的。然而，在大多数情况下，面谈对象是由客户指定，不是设计师选择的。

为面谈准备一套有条理的、前后一致的问题清单很有必要，率性而为是不会有成效的。通常建议事先把问题给面谈对象（当雇员参加面谈时），这样他们能更好准备以便更有条理地回答问题，同时减少面谈时的担心和忧虑。大多数有经验的设计师面谈时并不使用录音设备，而是做笔记。因为录音设备容易让人生畏，破坏设计师和面谈对象间的和谐与默契。除非要收集关于尺寸等定量数据，调查问卷很少被使用；面对面交谈很有必要，可以超越表面问题，洞悉设计要求的微妙之处。关于培养和发展面谈技能，有很多专业、颇有见地的指导性文献供读者参考。

观察

通过观察现有设施来了解工作和设备操作流程，通常是面谈的一个重要组成部分。经理、高级合伙人或部门经理一般会带你参观所有设施或者其负责的部分设施。在大多数情况下，这种向导式参观就足够了。但是，有些人际关系相对复杂的特殊情况，向导式观察可能不够。众所周知，人们在知道自己被观察时的行为会有所不同。这些特殊情况需要自助式观察，即观察者不会被发现，或者至少不会被注意到。关于观察技能的指导性文献比较有限，但已足够帮助读者习得有效观察的技能。

经常出现这样的情形：没有现有设施或操作流程可供观察。这样的话，就建议设计师去访查那些功能或流程相似的设施。即便常规企业或法律事务所这种没有包含特殊工作流程的办公场地，除非对其每日工作情况非常了解，观察相似设施还是值得花时间的。这类观察可以划入案例调查范畴，在下文的"调研未知因素"部分会进一步介绍。

观察过程也能让设计师了解设计空间和周边环境的关系。比如：是否有些地方阳光太刺眼，或者供热量太大，让员工感觉不适？是否有些员工经常感觉冷？员工是否经常开窗？

许多空间设计项目会重新利用全部或部分现有家具和设备，对这些设施进行盘点和测量尺寸就成为枯燥而又必不可少的一部分。

设定环境和建筑参数

最好在设计分析阶段就明确基本的建筑规范限制，设定相关参数，这样才能从开始就了解客户需求和实际空间的关系。但是，项目初期并不需要关于地理环境的详细信息，因为信息繁杂会妨碍进度。以下是基本要求。

1. 准备比例足够大、便于使用、标明机械和电力设施的总平面图，以便了解布管限制，了解供暖、通风、空调系统及其分布情况和主要电力接入点。

2. 收集建筑、历史、社会和环境的相关基本数据，比如日照角度、风向和降雨量等。

3. 详细了解相关建筑和区划规范，避免违反空间分配方面的基本规范。

绝大多数建筑方面的详尽数据要在实际设计阶段才需要。在有些情况下，一些关联数据，特别是人文社会方面的信息，在决定项目概念上会起到主要作用。在这种情况下，对这些关键关联数据的调研和收集就应该成为设计分析阶段的一部分。

在很多情况下，我们会在设计分析初期绘制简要的地点分析图来备忘，图中标明项目的环境因素和其他影响因素，如图 1-2 所示。图中标明朝南方向比较有利，同时推荐设计师标明夏天与冬天的风向、有利与不利的景观和现有的自然条件，比如大树或者水体等。

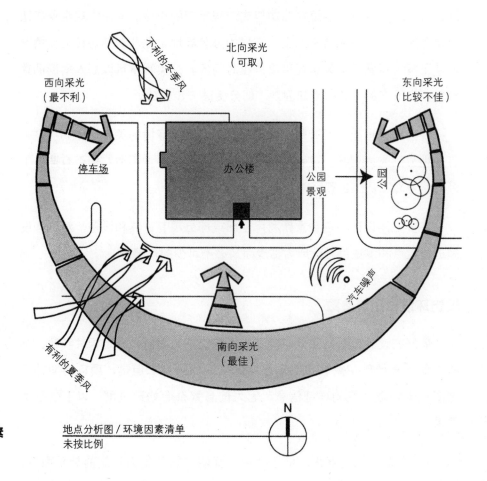

图 1-2　地点分析图 / 环境因素清单

整理数据（第一阶段）

完成面谈和观察任务，获取基本的地理环境信息后，开始整理积累下来的数据。到目前为止，虽然不大可能获悉项目所需的所有相关数据，但这时开始进行第一阶段的数据整理很有价值，收集到的数据可以按有利项目设计的顺序排列，其中建筑面积、家具和固定设备等数据可以清楚显示。本阶段数据整理，需要对客户的机构组织情况和项目设计需求有基本的分析和了解。更重要的是，要明确还缺乏哪些信息。有哪些关键信息在面谈中还未获取，需要进一步面谈和调研？已知数据中有哪些冲突，需要进一步核实？数据暗示了人际关系中哪些微妙之处，需要进一步确认？哪些技术设备和流程需要进一步调研，以便更合理地规划？这一阶段还会时不时出现一些预料之外的问题，需要进一步调研。整理数据的技巧将在下文"分析数据"中进一步讨论。

调研未知因素

这一阶段应该尝试填补数据中的空白，设计方面的细节要求和实际尺寸信息等都应该进一步明确。但是，建筑参数方面的细节信息也没必要太多，那样反而可能成为设计中的障碍；尺寸和流程方面的详细信息，更适合在实际设计阶段再进行调研。我们应该分清项目分析阶段和实际设计阶段各需要哪些数据。这时，进行一些案例调查是很有意义的。同样，我们并不需要非常完整的案例数据，而相似规模或功能的设施空间组织、公司或机构空间标准、循环利用率等基本数据能为当前项目提供实际参照。比如，法律事务所、诊所和日托中心等都有各自相似的功能，相关信息就很有价值。在案例调查中备注成本/预算和工期要求等信息也是很有意义的。当然，项目实际设计阶段还要额外进行一些案例调查，但也不能忽视当前预设计阶段的案例调查。比如，在可持续设计方面，这一阶段就应该明确项目中需要采取哪些有效的可持续设计策略。

分析数据

当所有信息材料都齐全了，我们就应该对项目设计相关因素进行全面分析。如果项目规模比较大，也可以从制作、套用或调整常规组织结构图开始，先明确权力结构和各部门职能。除这个常规做法外，还应该进行以下分析。

1. 明确空间邻接关系。
2. 明确工作关系，包括部门内部和部门之间，了解人员的业务流量、访客和工作材料等。
3. 明确公私区间和功能。
4. 明确特殊声效需求。
5. 明确各功能区域的采光、通风和景观需求（简单讲就是窗户）。
6. 明确需要管道连接的设施类别。
7. 明确重要的可持续设计因素，尤其是那些影响预算和工期的因素，确立相应的可持续设计策略。

我们对以上和其他与空间设计有关的因素都应该有充分了解，并合理看待其与整个项目的关系。

有个需要单独分析的因素是设施使用的时序安排，但时常被忽视，因为其主要与时间有关，而不是空间。对于空间使用时序安排的分析和了解，加上灵活的、可操作的可分建造技术（滑动、折叠、卷绕等）能使空间利用更加经济高效。

对数据的管理方式因人而异。除收集到的数据外，也要及时记录设计灵感。数据和设计灵感可以以常见的随笔形式或者无序列表形式罗列，然后将其按相关组别分类，也可进一步制作表格或者矩形列表来有序管理。关于数据管理形式的内容，将在下文"设计标准矩形列表"中进一步讨论。

解读数据和制表（完成阶段）

在设计中，分析数据和解读数据存在细微差别。虽然两者很相似，但进行区分还是有必要的。其中，"分析数据"是指直接从收集到的数据中发现问题；而"解读数据"是指从专业设计师的独特视角洞悉设计问题的微妙之处。设计师通常有机会深入了解客户需求，因而可以对设计问题做出更透彻、独到的解读。这些解读往往是在整个设计问题解决过程中设计师所提供的最具创新性的深刻见解。这些见解有些只是关于内部工作流程方面，有些则与客户的整体人员组织结构有关。

虽然不一定有新见解，但作为设计师，你是以局外人身份，不受客户环境的历史因素影响，从全新、公正、全面的角度看待整个机构的设计问题。任何当事人都无法从这样一个独特的、有利的角度去看待问题，而设计师往往能够提出很有价值的评判和建议。

项目分析阶段的另一种解读方式，是把项目文字内容转变成图表。这种制表技术十分完善，成为很多项目设计必不可少的部分。制表形式有很多，也有不同术语来描述这些表格，比如"邻接图""气泡图""空间邻接调查图"和"项目分析调查图"。虽然这种解读方式需要制作各种数据表格，但仍属于预设计的一部分，因为是项目文字描述的表格化体现，而不是最终的实际设计方案。特别是较大规模的项目，设计师不仅需要绘制整体机构组织结构图，还需要绘制各部门结构图。项目文字说明通常都会附有一系列图表，有利于更全面、形象地解读项目文件。正如所有设计师所了解的，图表在设计中有时能够弥补文字表达的不足。本章后续内容会介绍一种预设计过程中必不可少的制表技术——"关系图"。

总结数据（最终方案）

在进入实际设计阶段之前，我们应该总结分析数据，并把成果制成文件。有些项目分析数据是以非正式方式记录的，只供设计师自己参考使用。但在多数情况下，尤其是正式设计师，在实际设计开始前会把分析数据装订成册，送客户核准。不论数据记录形式或客户关系如何，我们都应以适当的方式总结分析数据，妥善地为项目分析阶段画上句号。

如果项目分析足够充分，我们应该能够对设计问题做出整体评述。不管称为"设计理念评述"还是"设计问题评述"，在制作详细的设计数据前将设计问题具体化和文字化是很有意义的。这个文字评述应抓住问题实质，而不是细节，应该反映项目设计理念中广义的人文、社会、审美和哲学方面的思路。

作为最终方案，文件包中应该整合以下内容。

1. 项目综述。
2. 逐项详细列明所有项目需求和关注点的文字说明。
3. 将每个设计项关系视觉化的图表。
4. 项目预算需要参考的空间、家具和设备清单摘要。

在项目分析过程结束后，我们已经完成了大部分工作。最重要的是，我们对设计问题有了全面把握，并已整理成文件。值得注意的是，项目分析者和设计者不是同一个人的情形并不少见；在这种情况下，项目分析书的措辞能够清晰明了，避免具有个人色彩就显得尤为重要。项目分析书是和客户就广义设计理念和设计细节进行沟通的最佳工具。在很多情况下，客户对项目分析书做出反馈，设计师需在实际设计开始前做出相应修改。一旦实际设计开始，项目分析书将作为空间规划设计的首要参考。虽然如此，也不必完全遵照项目分析书，因为在实际设计过程中有可能再次出现新的有价值的设计思路。如果因为项目分析书中没有包含这些想法就忽略它们，那就太可惜了。当规划设计方案逐步成型，项目分析书将成为我们检验方案的最佳评价工具。换句话说，我们用项目分析书来检验设计方案是否满足最初的项目分析要求和标准。

本书介绍的项目分析过程，虽然没有包含项目预算／成本和工期信息，但两者是整个预设计过程中非常重要的因素。最好尽早联合技术顾问、设计顾问、估算师、承包商和工程经理等人员将所有设计要素考虑在内。只有这样严密周全的考量才能确保最终方案的成功。

设计标准矩形列表

不管是你亲自编制项目分析书，还是客户给你提供完整的项目分析书，通常它都是一本多页文件，还不便于为空间设计提供参考。课堂教学场景也是如此，学生们通常拿到的是冗长的关于空间设计问题的书面描述，其中建筑面积等信息很难立刻转换成直观的设计术语。因此，我们需要一种简要明了的图表形式，将各种设计元素以实用顺序排列，其中空间、房间、功能和数据信息按项目的邻接要求分类、分组，避免查找数据时需要不断翻阅多页文件。

矩形列表是一种被广泛使用的将各类数据视觉化的技巧。这种列表被称为"图表"或"表格"。下文介绍的"设计标准矩形列表"是一种有效组织和简化项目常规文字说明的手段。不管项目大小、工期松紧，它都适用。如果工期允许，可将所有设计标准包含在列表内；如果工期紧，也可压缩列表，只列出关键设计标准。

在这里，"标准"是指项目要求，而"矩形"是指将数据按行列做成矩形表格。设计标准矩形列表的目的是尽可能简化数据，使视觉化效果更佳，争取做到一眼就能从列表中看出关键的设计问题。最基本的矩形列表就是一张矩形网格，最左列是房号、空间名称或功能等，余下右侧网格是关于项目要求的文字或数字。图1-3所示为手绘的设计方案2S（"S"代表样本，请见附录B）空白列表，其中列出了关键的空间设计要素：（1）建筑面积；（2）邻接；（3）公共区域；（4）采光和景观；（5）隐私；（6）管道；（7）特殊设备；（8）可持续性要求；（9）特殊注意事项。请参阅设计方案2S，以便充分理解设计标准矩形列表的结构和下面引用的关于该样本的内容。像这样简要的矩形列表能保证设计过程更加高效，同时避免遗漏关键因素。

如果时间允许，你可按照需要扩充矩形列表包含的内容，比如，加入室内陈设、环境因素、供暖通风要求、照明设计、色彩、材料、润饰和未来的设计需求等。如果适用的话，也可将隐私要求分成两栏：视觉隐私要求和声效隐私要求。如果项目规模较大，也可将部门或分部的房间、空间或功能分组归类。本章后续将介绍如何在更大、更复杂的设计项目中使用设计标准矩形列表。

设计标准矩形列表 大学职业咨询中心	建筑面积	旷接	公共区域	采光和采风	修饰	管道	特殊设备	可持续性要素	特殊注意事项
① 接待处									
② 面谈室									
③ 主管办公室									
④ 员工办公室									
⑤ 会议室									
⑥ 洗手间									
⑦ 工作区域									
⑧ 茶水间									
⑨ 宾客套间									
⑩ 机械室									

图 1-3　手绘设计方案空白列表

设计标准矩形列表的复杂度和完整度可根据项目规模和时间期限进行调整。即便时间非常紧，矩形列表也可作为组织基本设计数据的快捷工具。列表可以手绘，也可以用电脑绘制，有很多制图软件都有这项功能。列表采用手绘还是计算机绘制，取决于时间限制、项目规模和复杂度。更确切地说，如果你的决策时间相对合理，完成设计方案 2S 这样的简易矩形列表（手绘或计算机绘制）只需半小时，如果你有一套惯用的简写形式或符号标志（如图 1-4 所示），所需时间可能更短。注意：图 1-4 中建筑面积栏未填写。

矩形列表中超越基本分析范畴的内容是建筑面积。分配建筑面积本身就是技术活。在完成任何设计标准矩形列表练习前，先要清楚建筑面积的重要性，以及如何快速估算建筑面积。

设计标准矩形列表 / 大学职业咨询中心	建筑面积	邻接	公共通道	采光和景观	隐私	音通	特殊设备	特殊浸泡考虑	可持续性考虑
①接待处	②⑤	H	Y	N	N	N	人流中心 邻接入口		浅色表面 可反射阳光
②面谈室	①④	M	I	L	N	N	约容纳9人		浅色表面 可反射阳光
③主管办公室	④	M	Y	H	N	N	最佳形象效果 私人出入口		
④员工办公室	③	M	Y	M	N	N			
⑤会议室	①⑥⑦	H	I	H	N	Y	音视频设备 邻近入口		可调光流明照明
⑥洗手间	中心	M	N	H	Y	N			低流量管路 运动传感开关
⑦工作区域	②④ 中心	L	M	H	Y	Y	增加植物优化空气		
⑧茶水间	中心	H	M	H	Y	Y	方便所有成员		分类回收垃圾
⑨宾客套间	远处	L	Y	H	Y	N	居住品质		"能源之星"电冰箱
⑩机械室	远处	N	Y	Y	Y	Y			消声设备

图 1-4　手绘设计标准矩形列表

标准设计草图

当进入实际设计阶段时，对每个房间和空间的建筑面积有相对准确的估算就显得尤为重要。无须多说细节，仅凭项目预算这一条就能看出建筑面积估算的重要性。众所周知，每个项目基本上都有严格的预算。因此，建筑面积分配直接决定了内部建造和装修费用。如果图纸中累计建筑面积超过建筑内实际面积，那么方案根本无法实施，分隔墙根本无从设立。相反，如果设计中累计建筑面积比实际面积小很多，那么建筑空间就得不到充分利用，而且极有可能出现过于宽大、不协调的过道空间。

某些特定类型空间，可以相对轻松快速完成矩形列表中建筑面积这一栏。比如，如果你熟悉办公室设计，就可较快对项目描述做出反应，估算出行政办公室、咨询室或者会议室的建筑面积。一些特定功能空间也是如此，比如接待室、厨房或者公共休息室。一般来讲，有经验的设计师能参照以往对各种不同类型房间和空间的经验，对建筑面积做出快速估算（无须画草图或计算）。但是，对于一些不寻常的设计要求，设计师不一定具备相关经验，这时则需要不同的处理方式。而对于经验相对欠缺的设计师，特别是处于学习阶段的设计师，即便常规房间和空间的建筑面积估算可能也有一定难度。

如果仅凭以往经验解决不了问题，我们就可以绘制标准设计草图。这里的"标准"相当于"一般"或者"摘要式"，而"草图"是指为提供信息而快速绘制的简要图纸。例如，一个设计方案要求主管办公室放置一张36英寸×72英寸的书桌、配套书柜、一把办公椅、两把宾客椅、四人座沙发和长35英寸的书橱。除非专业经验能帮你快速准确估算这个房间的建筑面积，否则最好还是花点时间画两三张平面草图来估算大概需要的面积，如图1-5所示。请记住，这些快速绘制的平面草图不是要直接并入平面图的，而只是为了估算建筑面积。推荐大家绘制几张平面草图，提供几种满足建筑面积总体要求的方案，以供选择。通常来说，几张草图的建筑面积为平均近似值，其平均值可以填入矩形列表的建筑面积栏。

如果手绘设计草图可以使用任何种类的纸张和绘图工具，最好是一卷素描速写纸和一支中型铅笔（建议H或HB），也不必太在意绘制质量。有些设计师习惯使用1/8英寸或1/4英寸的网格纸（或者一般网格纸），其有助于快速绘制草图，并保证图纸相对的比例。但是，不必花太大力气绘制这些草图，因为它们的用途比较有限；只要记清尺寸信息，这些草图甚至无须按照特定比例绘制。如果使用计算机绘制草图，如图1-6所示，也适用同样的绘制方式、质量和精准度。绘制这种草图，计算机绘制的固有精准度有时反而不利，可能产生不必要的、有迷惑性的草图。

很明显，了解一般家具尺寸、摆放安排和不同家具间的空间关系是很有必要的，否则就会影响工作进度。大多数设计师倾向于专注某一类型建筑的设计（住宅、服务场所、办公室、医疗中心等），如果设计师接受的任务是自己不熟悉的设计类型，对于新系列的家具标准进行熟悉是很有必要的。当然，对于知识基础还不够扎实的学生来说，经常翻阅标准参考资料和家具目录也是很有必要的。第6章的专门练习将帮助学生熟练掌握这方面的技能。

为了演示标准设计草图绘制技巧，图1-7～图1-10提供了几个例子，每张草图都由不同设计师绘制。这些草图来自设计方案2S中的房间和空间，为节省空间，对原始图样进行了微缩。

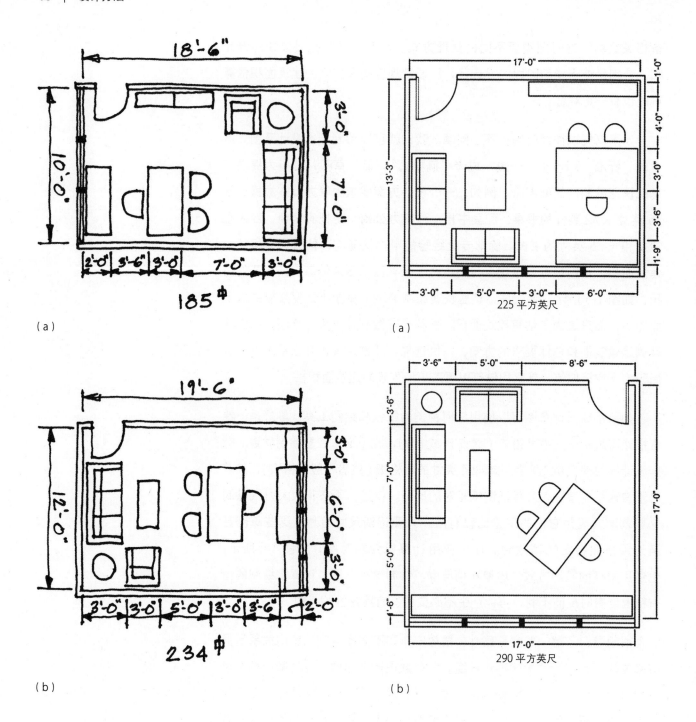

图 1-5　手绘办公室标准设计草图

图 1-6　CAD 绘制办公室标准设计草图

　　在预设计阶段绘制标准设计草图除了可以估算建筑面积外，另一个优势就是对每个空间的特定要求有直观的认识。这种认识能够帮助你更好地设定房间比例（正方形或者狭长的矩形），安排窗户位置和门的位置，了解内部家具、设备和每个空间的关系。

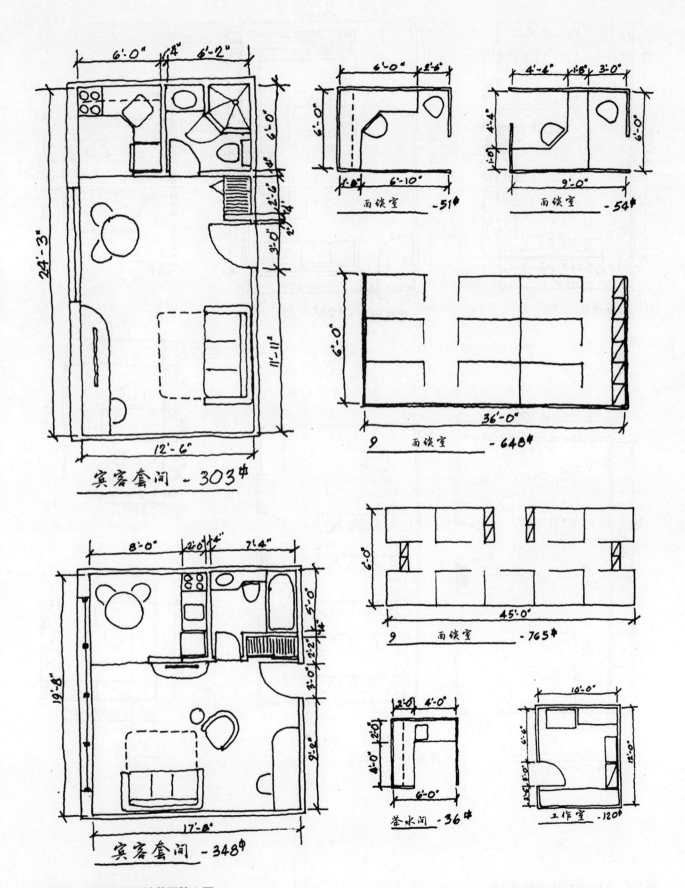

图 1-7 手绘标准设计草图第 1 页

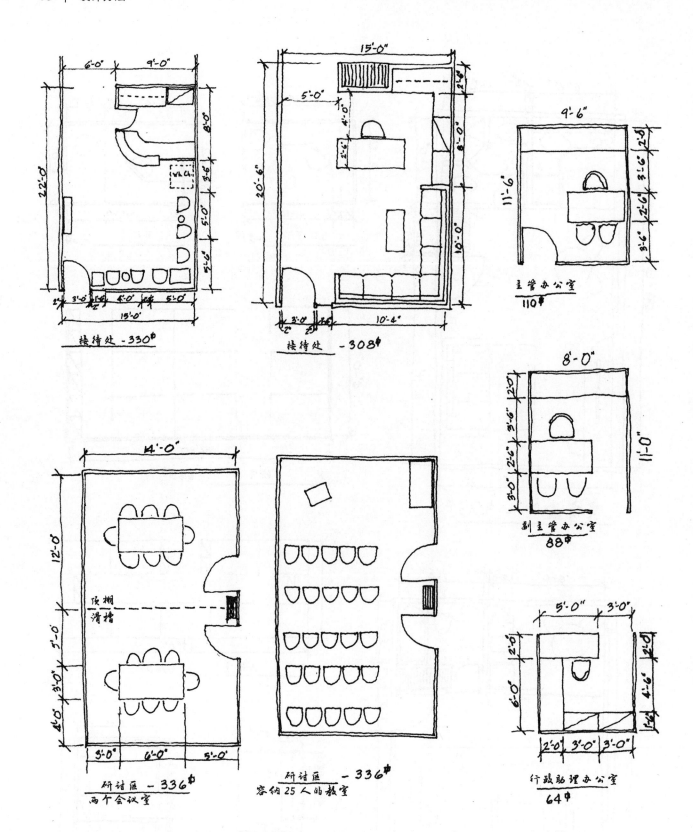

图 1-8 手绘标准设计草图第 2 页

设计方法 | 19

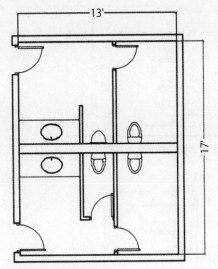

洗手间 220 平方英尺

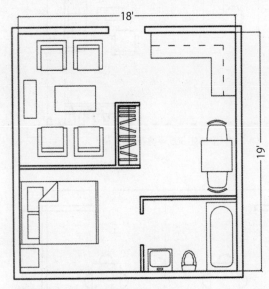

宾客套间 340 平方英尺

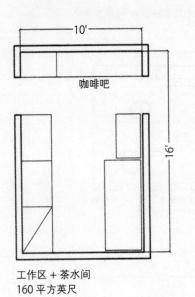

咖啡吧

工作区 + 茶水间
160 平方英尺

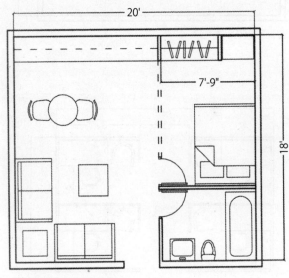

宾客套间 360 平方英尺

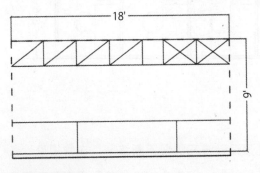

工作区 + 茶水间
162 平方英尺

图 1-9　CAD 绘制标准设计草图第 1 页

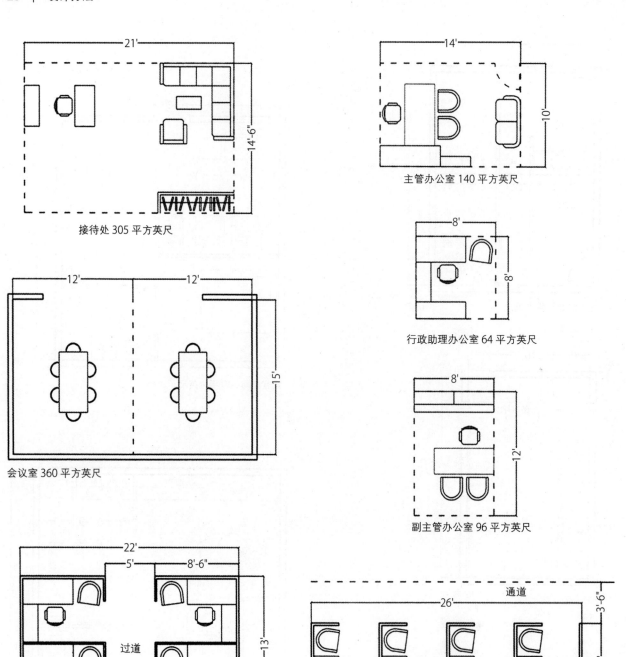

图 1-10 CAD 绘制标准设计草图第 2 页

熟练掌握标准设计草图这种预设计技巧需要不断练习。在常规设计条件下，可以很快完成标准设计草图绘制，因为它们通常只是用来获取信息的半成品。在有些情形下，草图会被进一步优化作为某个特定组织的标准，但这种案例通常都是特定组织发展成熟的项目。

如果你使用计算机绘制草图，本书的电子附录提供了常规的家具 CAD

图库,包括它们的尺寸。你可以选用相应图片,将它们加入你的标准设计草图中。

练习 1-1

使用附录提供的设计方案和电子附录里提供的空白矩形列表,至少为 1~2 个总面积 1500 平方英尺或 2500 平方英尺的项目制作设计标准矩形列表,需要包含建筑面积栏,如有需要绘制相应的标准设计草图。请认真完成此项练习,以便从中获得有益学习经验。请保存这些矩形列表,以便在本章和第 2 章、第 6 章、第 7 章的其他练习中使用。

完善设计标准矩形列表

完成标准设计草图后,回到设计标准矩形列表,填写先前无法估算的建筑面积栏。但是,即使完成这一栏,建筑面积信息还是不够完善的——我们还不能确定流通空间(过道、走廊、门廊等)所需面积和分隔墙的厚度。

对于非住宅建筑内部设施来说,流通空间和分隔墙占所需总建筑面积的 25%~33%,比较合理。对此进行绝对准确的估算是不可能的,因为它因项目而异,而且取决于整个建筑外壳的构造和配置,以及该建筑的功能。一般来说,如果建筑或者空间配置比较复杂(内部柱子和承重墙分布比较紧密),那么结构跨度就比较小;如果建筑功能方面要求设计较多的独立空间(如办公室、检验室或实验室),那么流通空间和分隔墙占据总建筑面积的比例可能比较大。通常只有经验非常丰富的设计师才可能对某个特定建筑的流通空间和分隔墙面积做出较准确的预估。在室内设计中,特别是房地产行业,对于"空间"的定义有多种形式。在这种情形下,对"总面积""实用面积"和其他相关术语应有明确定义。本书使用的是比较简单的定义,建筑面积即外墙和分隔墙内的测量面积,流通空间面积是建筑面积的一部分。对大多数项目来说,25% 的流通空间是比较实用的,这样做可能过于谨慎,但不会让你有大的错误。在本书的设计练习中,建议大家使用这个比例。

预设计到这个阶段,我们还未真正明确项目可使用的建筑面积。完成设计标准矩形列表后,就可以按一定建筑比例来测量和计算整个建筑外壳内可使用的室内建筑面积了。确定可用的室内建筑面积后,将其乘以 75%,结果应该大致等于设计标准矩形列表中所有各项建筑面积栏的总和。另一种计算方法也会得到同样的结果：把设计标准矩形列表中各项建筑面积总和除以 3，再加上表中各项建筑面积总和（或者 1.33× 建筑面积栏总和）；这个结果应该近似于建筑外壳内总的可用建筑面积。电子附录中附有这些算法的演示。5% 左右的偏差通常可以接受，而经常对建筑面积栏中的数据进行调整（调高或调低）也是必要的，这样才能使所需空间面积和可用空间面积尽量接近。对你来说，开始调整建筑面积栏数据可能相当困难和枯燥；随着空间设计过程的推进和经验的积累，这种"尝试－纠错"的数字游戏会变得越来越简单，所需时间越来越短。所需空间面积和可用空间面积的匹配是很重要的，因为两者之间的较大差距将给实际设计过程带来诸多困难。使用图 1-5 和图 1-6 标准设计草图得出的建筑面积填写方案 2S 设计标准矩形列表的建筑面积栏，完成后的表格如图 1-11 所示。加上 25% 流通空间面积，总建筑面积（3245 平方英尺）和建筑外壳 2S 实际可用建筑面积（3250 平方英尺）基本吻合。本书将全部使用设计方案 2S 和建筑外壳 2S 组合作为案例演示。

设计标准矩形列表：设计方案 2S
（包含建筑面积要求）

设计标准矩形列表 大学职业咨询中心	所需建筑面积	邻接	公共区域	采光和景观	隐私	管道	特殊设备	特殊注意事项	可持续性要求
①接待处	330	②⑤	H	Y	N	N	N	人流中心 邻接入口	浅色表面 可反射阳光
②面谈室（9）	600	①④	M	I	L	N	N	约容纳 9 人	浅色表面 可反射阳光
③主管办公室	110	④	M	Y	H	N	N	最佳形象效果 私人出入口	
④员工办公室	160	③	M	Y	M	N	N		
⑤会议室	330	①⑥⑦	H	I	H	N	Y	音视频设备 邻近入口	可调光液晶 照明
⑥洗手间（2）	210	中心	M	N	H	Y	N		低流量管路 运动传感开关
⑦工作区域	120	②④ 中心	L	N	M	Y	Y	增加植物 优化空气	
⑧茶水间	30	中心	H	Y	M	Y	Y	方便所有成员	分类回收垃圾
⑨宾客套间	300	远处	L	Y	H	Y	N	居住品质	"能源之星" 电冰箱
⑩机械室	180	远处	N	N	Y	Y	Y		消声设备

所需总面积 =2370（平方英尺）
3250-815=2435（平方英尺）
标注：见"邻接"栏

可用总面积　　　=3250（平方英尺）
其中 25% 为流通面积 =815（平方英尺）
⊗ - 表示邻接重要
⊗ - 突出邻接很重要

简写符号：
H = 高
M = 中
L = 低
Y = 是
N = 否/没有
I = 重要，非必需

图 1-11　包含建筑面积的设计标准矩形列表

完整设计标准矩形列表含邻接列表
设计方案 2S

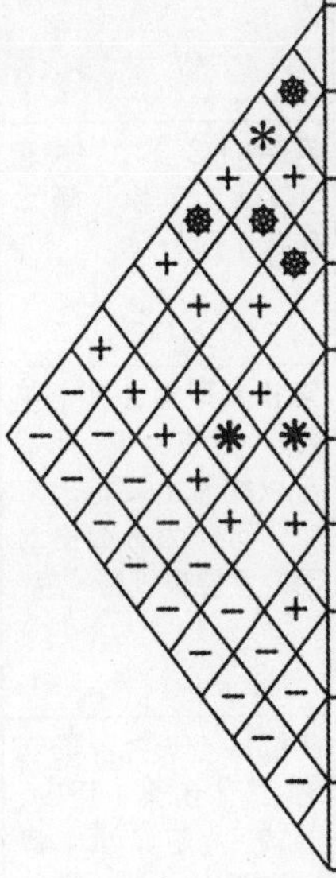

设计标准矩形列表 大学职业咨询中心	所需建筑面积	邻接	公共区域	采光和景观	隐私	管道	特殊设备	特殊注意事项	可持续性要求
①接待处	330	②⑤	H	Y	N	N	N	人流中心 邻接入口	浅色表面 可反射阳光
②面谈室（9）	600	①④	M	I	L	N	N	约容纳9人	浅色表面 可反射阳光
③主管办公室	110	④	M	Y	H	N	N	最佳形象效果 私人出入口	
④员工办公室	160	③	M	Y	M	N	N		
⑤会议室	330	①⑥⑦	H	I	H	N	Y	音视频设备 邻近入口	可调光液晶 照明
⑥洗手间（2）	210	中心	M	N	H	Y	N		低流量管路 运动传感开关
⑦工作区域	120	②④ 中心	L	N	M	Y	Y	增加植物 优化空气	
⑧茶水间	30	中心	H	Y	N	Y	Y	方便所有成员	分类回收垃圾
⑨宾客套间	300	远处	L	Y	H	N	Y	居住品质	"能源之星" 电冰箱
⑩机械室	180	远处	N	Y	Y	Y	Y		消声设备

简写符号：
H = 高
M = 中
L = 低
Y = 是
N = 否/没有
I = 重要，非必需
❀ = 紧密邻接
✳ = 重要邻接
+ = 相对便利的位置
− = 远处

所需总面积　　＝2370（平方英尺）　　可用总面积　　　　　＝3250（平方英尺）
3250−815　　＝2435（平方英尺）　　其中25%为流通面积　＝815（平方英尺）

图 1-12　包含建筑面积和邻接列表的设计标准矩形列表

有些设计师发现，稍微多花一点时间完善设计标准矩形列表，能使其更具实用价值。其中，设计师最常使用的是邻接列表。虽然它只是被用来示意邻接关系，但图示效果很实用。只要在原本矩形列表的左侧加上一个邻接列表，便能在原有数据的基础上使项目信息更加完善。如图1-12所示，只需使用一些符号标志就能轻松明确各空间邻接的不同重要性。

总结设计标准矩形列表作为空间设计工具的价值，其中设计过程中的四个重要元素在此已经进行了汇总。

1. 对项目基本设计元素已经进行了分析、评估和管理。

2. 分析结果已经制作成便于快速参阅的形式。

3. 经常参阅设计标准矩形列表，可以保证在设计过程中不遗漏细节。

4. 在设计过程完成后，矩形列表可作为检验最终方案是否满足设计要求的有力工具。

为了演示如何在更大、更复杂，需要对部门进行分类的项目中使用设计标准矩形列表作为有效预设计工具，图1-13列出了宾夕法尼亚州匹

电子产品经销公司建筑和设计方案

部门	外围					
空间	街区入口	停车场	建筑外观	行人入口	卸货区	休息区
功能描述	霍宁路的车辆入口	供员工和访客使用	向员工、访客和路人展示公司形象	首先供办公室员工和访客使用；其次供仓库员工使用	供每日装卸任务使用；如装车平台和出入口分离，管理和操作部门可共用外围区域	供休息、午餐和其他非工作时间使用的外围休息区与休闲场所
规模	双向14英尺宽车道，边区宽敞，车辆容易掉头	目前：128名员工，20名访客。今后：214名员工，20名访客			管理部门需4个不同大小的卡车位；操作部门需3个不同大小的卡车位	容纳1/3员工休息（谈话、下棋、晒太阳等）
空间关系	位于霍宁路，便于进入办公室和仓库	便于进入霍宁路入口、办公接待处和仓库行人入口	可见罗斯福大道景观，木港路景观次之	首要：邻接接待处。其次：直通仓库员工衣帽间	紧邻仓库的备货区、装货区	紧邻大型集会区（午餐、会议、培训）；可以挨着主要行人入口；可作为办公室对面的主要景观区
设备/装修	标牌，引导驶入车辆	方向标志		外围座位区，长凳、景观墙等，营造小公园氛围	管理部门：中等大小的装货踏板区。操作部门：中等大小的运货斜坡	座位区（长凳，景观墙）；休闲桌（用餐、游戏）；阳伞桌（遮光和装饰）；适度运动区
供暖					装货区防护屋檐，辐射式供暖器	
声效						
照明	低位照明高度约2英尺	中位照明：离地面8～10英尺	不需要	中低位充分照明；结合景观墙、绿化、雕塑、喷泉和壁画等	车道和装货区：一般照明	叶饰照明
色彩			多彩，暖色调	集中使用色彩：可体现于建筑材料，也可体现于艺术品（雕塑、琉璃瓦和装饰墙等）	浅色，可反射阳光	可以在装修、植物、路面铺设、邻接墙表面和窗户遮阳篷等各方面使用不同色彩
材料			使用不同的天然和人造材料	行人通向建筑外围的通道——应特别注重比例和建筑材料	墙体材料可承受一般性磨损；装货区地面坚硬平整	速干、易打理
环境品质	欢迎氛围/摆放植物	避免"车海"，使用护墙和植物使其更人性化	展示专业和人性化的形象，避免纪念碑式外观	主要聚焦点，使用雕塑和喷泉作为接待处的延伸	地面易排水、除雪；地面可考虑使用电力加热系统	营造小公园氛围；用水体或喷泉装饰；午餐、商务会面和培训可在此处进行
未来规划	无	可以在原有车场上方增设停车层	未来可增补，以维持最佳形象	可增扩	装卸区可随仓库相应扩大	可容纳最终人员总数的1/3

图 1-13 设计标准矩形列表扩充版

电子产品经销公司建筑和设计方案
员工和访客主要出入点；内部办公室流通中心

	接待处				
	前 厅	接待前台	等候区	化妆室	走廊
	阻挡外部的风，内部与外部隔温	访客问候区；员工打卡处；基本安检点	访客等候区	供访客使用的卫生间设施	传统画廊式艺术品展出小型空间
	50～100平方英尺	250～350平方英尺	6～8名访客；200～300平方英尺	25～35平方英尺	300～400平方英尺
	外部行人入口/接待前台过渡区	紧邻前厅，可直接看见前厅和入口；邻接等候区；内部办公室流通中心；易于了解整个建筑的布局；易于通向各区域	邻接接待前台、走廊和通向各主要办公部门的流通通道	紧邻等候区，接待员可看见此区域	紧邻等候区，从前厅无须经过等候区可到达此处，从接待前台可看见此处，以防盗窃或故意损坏
		两个工作区，两个都敞开或者其中一个有隔断；设置部分横挡来隔离访客和接待员	设置软垫沙发（不宜太低和太舒适）；使用易于更换或增加的沙发	卫生间；使用相对奢华的洗手盆	墙上设置壁挂部件；设置雕塑基座；摆放2D展示所需的独立支架
	设置调压、调温系统，供非正常气候（温度）时使用	TC-1 防止入口吸风	TC-1	TC-1 设置高效通风设备	TC-1
		A-1	A-1		A-1
	环绕照明；接待区计划照明的组成部分	接待区使用雕塑专用高光，但不宜过于夸张；接待前台处设置工作灯	环绕照明；注重自然采光和景观；空间明亮	环绕照明	环绕照明；设置展览照明轨道；控制自然光
	与接待区域协调	多种色彩，与建筑主入口色彩规划协调	C-2		使用中色，避免与展品色彩冲突
	使用耐磨材料；入口使用玻璃安全门；地面容易吸收水分和积雪	相对奢华的耐磨材料；与整个接待区域一致		耐磨、防水	环保墙面
	与接待区域协调	宽敞空间；展示公司良好形象；摆放经典艺术品；增加挑高			具有欢迎氛围的特殊空间，为员工和访客营造欢乐氛围
	无	可增设第三个隔断工作区	未来可容纳更多人员		可扩大

图 1-13 设计标准矩形列表扩充版（续）

电子产品经销公司建筑和设计方案

部 门	公司管理部门					
	位置方便，但与其他办公部门隔开一定距离的行政部门； 整体紧邻公司其他部门（会计、计算机、营销和人力部门）					
空 间	史蒂夫	6间行政办公室	后勤人员	会议室	文件室和工作区	化妆室
功能描述	带谈话区的行政办公室	事务繁忙的行政办公室	与公司管理团队直接相关的行政助理和文秘	5人或以上人员开会使用	存放公司管理文件。 通用工作区，也可挂外套，有小型复印机	管理层及其访客使用
规 模	300~350平方英尺	200~225平方英尺	目前2个100平方英尺大型工作区；预扩展为3个75平方英尺中型工作区	小会议室：8~10人，225平方英尺。大会议室：20人，575平方英尺	100~120平方英尺	25~35平方英尺
空间关系	位于管理团队办公区中心，紧邻和默里共用的秘书室，紧邻公司高层小会议室	位置排列无优劣之分，6位主管共用，每位主管可与直属人员方便沟通	后勤站一个位于史蒂夫和默里之间，一个紧邻乔，未来三个紧邻亚当和罗杰	小会议室最好在史蒂夫和玛丽之间。大会议室应方便所有行政人员和外来访客	主要供后勤人员使用	方便公司管理层及其访客
设备/装修	书桌、书柜、写字椅、2把访客椅、6人座沙发（家具可按个人喜好选择）	书桌、书柜、写字椅、2把访客椅；(A) 3~4人谈话区 或 (B) 4人会议桌	整体家具（如需要可加护墙板）和操作椅；如果有要求，可实现将近期使用文件紧密摆放	带基座的会议桌、带基座的软垫旋转椅、投影墙、写字板、饮料台、杂物存放处	可移动钢质橱柜、小型复印机	卫生间，较奢华的洗手池
供 暖	TC-1	TC-1	TC-1	TC-1 高效换气装置		TC-1 高效通风装置
声 效	A-2	A-2	A-1	A-2 至少1台50分贝STL型消声器		
照 明	工作照明。环绕照明和重点照明	工作照明。环绕照明和重点照明	工作照明。环绕照明	工作台照明。用于表面跟踪和标记的独立开关型洗墙灯；投影时可调低亮度	工作照明。最小环绕照明	环绕照明
色 彩	个人喜好	个人喜好或全体协商选择	C-1 色彩装饰突出公司管理层特征	中度对比色，中色和浅色（除了地面，应避免深色）	和邻接区域一致	C-2
材 料	个人喜好		M-1	M-1 配合重要形象区域		耐磨防水
环境品质	突出专业化和人性化的公司形象，按个人喜好装饰（个性艺术品选择，个性化衣柜）	突出活力，不宜太华丽，适当体现个性化元素，个性衣柜	高效、开放、活跃、专业，重要的公司内部形象区	传达专业化和人性化的公司形象。专门定制，应与众不同，具有高端品质		
未来规划	无	增加2~3个办公室	无	无	将来需要更多归档空间？	

图 1-13 设计标准矩形列表扩充版（续）

	会计部门						
	公司会计部门，邻接公司管理部门，尤其是乔的办公室						
经理	会计师	信贷部门	记账部门	工资部门	文件部门	图书部门	聚会空间
对部门进行监督	琐细和汇总工作	琐细工作；汇总工作；话务工作多	记账和一般办公室职能，管理活动账户，文秘、文书工作	保密和汇总工作	供其他部门使用	参考资料和设备室	4～5人即兴聚会空间
150平方英尺	100～110平方英尺（情形1）	员工=75平方英尺 主管=90平方英尺	6个工作台，75平方英尺	100～110平方英尺（情形1）	40个文件柜，每柜5个抽屉，共200个抽屉，300～350平方英尺	120平方英尺	65～90平方英尺
邻接财务主管办公室，监督部门工作	邻接会计部门主管办公室	邻接财务主管助理办公室	位于会计部门中心	比较方便会计部门主管，相对偏远安静的位置	位于会计部门中心，离记账部门最近	位于会计部门中心	位于会计部门中心，在无隔墙情况下应安排在对其他部门影响最小的位置
书桌、书柜、写字椅、2把宾客椅、储物架、10个文件抽屉、EDP工作和储存区	F-4	F-4	F-4	F-4	5个直立型带锁抽屉	参考书/手册储存书架、EDP文件储存区、常用设备工作区（如传真机、2台电脑、小型复印机）	直径42英寸圆桌或36英寸×60英寸长桌，4把办公椅
TC-1	TC-1	TC-1	TC-1	TC-1	TC-1	TC-1 如需要可设置额外电力通风设备	TC-1
A-2 工作照明/环绕照明	A-1 工作照明/环绕照明	A-1 工作照明/环绕照明	A-1 工作照明/环绕照明	A-1 工作照明/环绕照明	环绕照明，展览照明轨道系统，控制自然光	A-1 查找文件照明，最小环绕照明	A-1 工作照明/环绕照明
C-1	C-1	C-1	C-1	C-1	与周边空间一致	C-1	C-2 装修采用强调色，公司名称或标志采用强调色
M-1 天花板可进行无声处理	M-1	M-1	M-1	M-1	M-1	M-1	M-1 墙面添加吸收性材料
适合团队工作和通告会议使用。私人衣柜	EQ-1	EQ-1 由于话务繁多，应将其设置于稍远区域	适应团队工作、本部门内员工频繁互动，以及与外部互动的工作需求	EQ-1 适度增加视觉隐私性	纯功能性空间	EQ-1	适合交流的环境（适合布置摄影作品）
无	目前一个工作区，将来2～4个	增加至3～4个工作区	增加至8～10个工作区	无	不明	待明确未来需求	不明

图1-13 设计标准矩形列表扩充版（续）

兹堡市郊区一幢一层办公楼的电子数据表前两页（共 5 页），其面积为 2 万平方英尺。注意：这张表格扩充了数据信息，比如声效、照明、色彩和材料这些可以在预设计阶段考虑的因素。不像简明设计标准矩形列表"面积"栏中填写单一的建筑面积数值，这里填写的是一个数值范围。这个数值范围方便我们计算出项目所需的建筑面积范围，也能相应计算出流通面积所需的数值范围。这个数值范围虽然会增加设计复杂度，但为调整平衡建筑面积需求提供了可能性。特别是在项目最佳方案建筑面积不充裕的情况下，这种可调空间就显得更加有益。注意：完成这份完整的 5 页电子数据表，专业设计师至少需要 100 小时，前后跨度会有几个星期。

练习 1-2

利用设计方案 2S 和附录中的其他设计方案，练习绘制几组标准设计草图。尝试手绘和计算机绘制，可利用先前提到的家具电子图库。保存绘制好的草图，以便在本章后续练习和第 2 章、第 6 章、第 7 章中使用。

关系图

关系图是项目分析阶段的文字描述和实际设计阶段的图表技术之间的完美过渡。如前文所述，关系图是预设计的一部分，因为它是对项目信息的图形化解读，而不是设计方案。如果应用得当，关系图的价值在较短时间内就会显现出来；花费这个时间当然是为了清楚项目中各房间和空间之间的相互关联与邻接关系。和预设计过程中其他环节一样，绘制关系图能帮助我们专注项目的要求和空间关系。

以下介绍如何绘制关系图。绘制完设计标准矩形列表，趁着脑海中对各个房间和空间要求还有一定印象，着手为每个空间画一个圈，把这些圈按正确或适当的位置排列，来体现它们之间实际的空间关系。应该紧挨的房间或功能空间，就把代表它们的圈挨着放；不需要紧密邻接（或者邻接会造成相互干扰）的空间，就把代表它们的圈隔开一段距离。圈和圈之间用连接线连接起来，显示它们的交通或流通关系；比较重要、使用频繁的交通连接应使用粗实线或多重线来表示；相对次要、使用较少的交通连接则使用细线表示。关系图无须太在意建筑外形、结构或比例。但是，按照近似比例来绘制圆圈的大小还是比较好的。最理想的状态是，代表 300 平方英尺会议室的圆圈大致是代表 100 平方英尺办公室圆圈的 3 倍大。至少尝试 2～3 组关系图来展示各种可行的空间关系。以上工作要尽量快速、果断地完成。和标准设计草图一样，关系图无须太高的绘图质量，因为它也是一种设计工具，并不用于最后方案的呈现。绘制关系图使用价格实惠的描图纸、软铅笔或标签笔就可以，需要修改时一般也不必费劲涂擦，只需往上再加一层描图纸重画便好。为演示如何绘制关系图，图 1-14 展示了按设计方案 2S 的要求绘制的几张关系图。设计方案 2S 的设计标准矩形列表，如图 1-11 所示。

随着绘图技巧不断成熟，可以在关系图中添加图标或文字注解来标注重要的设计需求，比如窗户、公私区域的分隔、隔音墙等，如图 1-14 所示；也可以使用色彩来标注相似的功能或者空间关系，比如私人区域或邻接关系。久而久之，设计师会拥有一套具有个人风格的标注系统，可以作为有效的预设计工具。

除图 1-14 所示的手绘关系图外，还有其他方法可以绘制关系图。我们可以使用绘图软件在计算机屏幕上绘制圆圈（或其他形状），并使用不同类型和粗细的线条来连接。绘图软件也包含文字符号、图例和色彩标注功能，我们都可以轻松掌握并使用。图 1-15 给出了电子版的关系图样。除电子绘图外，我们还可以用硬纸（如封面硬纸）剪出圆形或者矩形模板，在模板上标注房间或空间名称，然后在白色或其他中性纸上移动这些模板，并使用不同类型线条连接来显示邻接关系。使用这种方法要注意，在移动模板构造新关系图前，要将先前可行的关系图拍摄或者扫描记录下来。

如前文所述，关系图经过适当加工完善，也可作为最终设计方案的一部分。虽然首要目的是对项目要求有直观了解，但如果绘制得当（并且绘制时始终考虑非专业人士有限的空间感官能力），关系图能帮助客户更好地理解设计方案。在这种情况下，应确保关系图不类似于平面图，以免非专业人士将其与后续的实际平面图混淆。

电子附录里包含各种形状（圆形和方形）的图库，你可以从中选择适当形状和大小的图片来绘制关系图。如果偏爱用计算机绘图，你可以轻松在计算机屏幕上使用这些图片，图形上都标明了面积（平方英尺），分别有以下大小的图片：50、100、200、300、400、500、600、750、900、1000、1200 和 1500。你可以使用色彩来标注电子图表，也可以使用不同

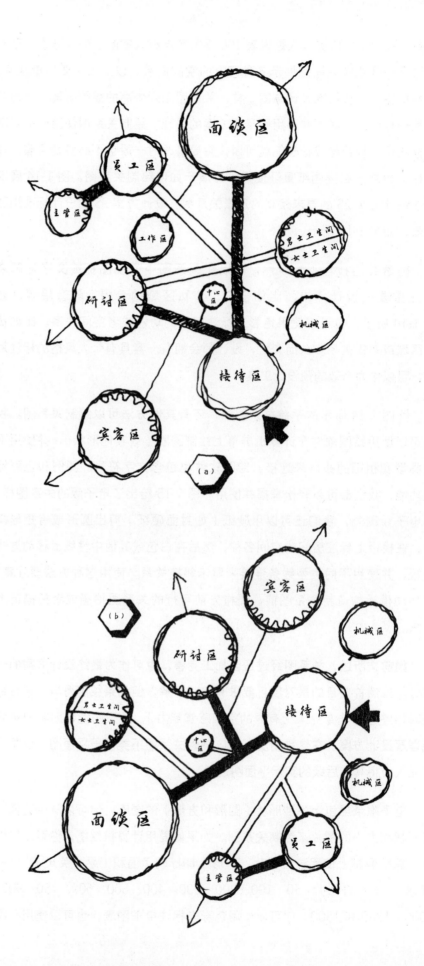

图1-14 关系图

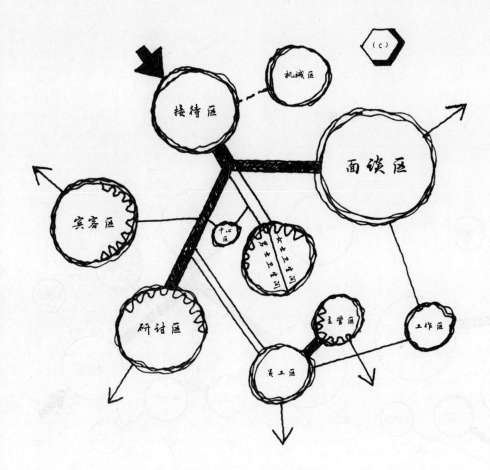

(c)

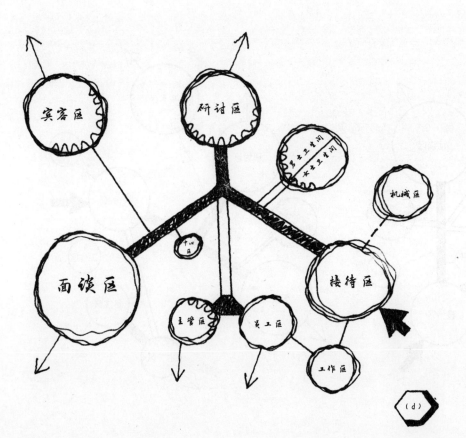

(d)

图1-14 关系图(续)

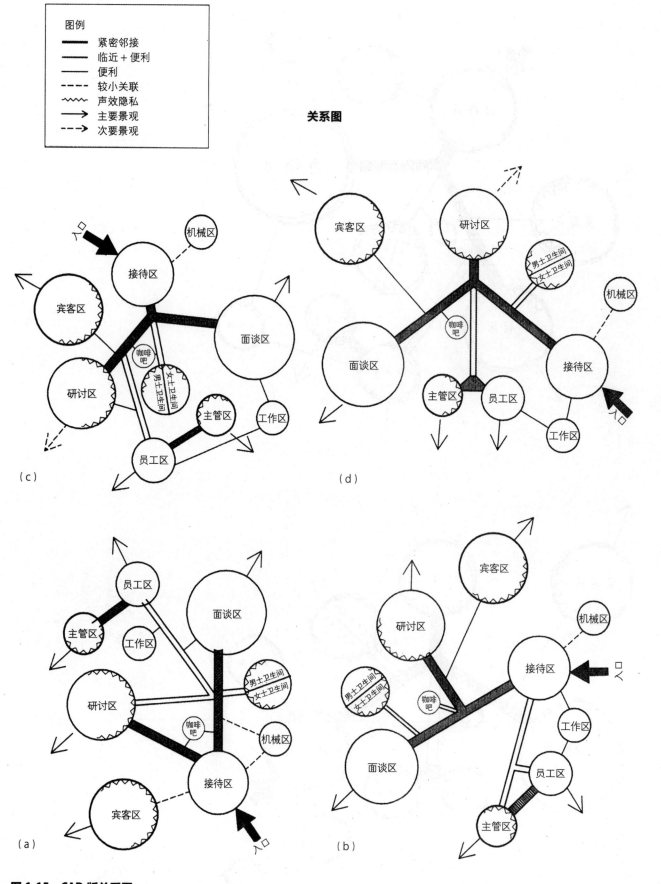

图 1-15 CAD 版关系图

粗细的线条连接来表明不同程度的空间关联。

练习 1-3

以练习 1-2 中绘制的设计标准矩形列表为依据，为每个矩形列表绘制几个关系图，可以手绘或使用电脑绘制。随着关系图绘制技巧的不断熟练，你可以自己设定一套具有个人风格的绘图和标记系统。同样，将绘制的关系图保存，以便在第 2 章、第 6 章和第 7 章的练习中使用。

关于设计方法的最后说明

结束对项目分析和预设计的讨论后，进入实际设计阶段，要更全面地考虑空间关系和设计要求，着手设计平面图。如前文所述，到目前为止，空间设计和图表制作通常还是不够充分和完整的。随着开始制作气泡图和粗略的平面图，我们脑海中会很自然地出现一些新概念，比如功能性关联、空间的多重利用等预设计过程中没有出现的想法。如果这些新想法比先前有所改进，忽略它们不对方案进行修改就是很不负责任的。在设计行业中，新的设计因素，即一些在你掌控之外的因素经常会在初步设计阶段完成后出现。例如，当新的管理模式导致人员组织结构改变时，或者客户的房东取消租约时，这些都可能导致空间设计上的改变。在这些情形下，设计师别无选择，只能回归项目本身再做修改。总而言之，设计方案在初步设计完成后基本上不可能一成不变。相反，经常见到的情形是随着外部因素的改变和设计思路的演变，设计师要不断对方案进行修改。作为一名空间设计师，你要具备与项目要求相匹配的灵活性，不断地解决问题。

推荐书目

Laseau, Paul. *Graphic Thinking for Architects and Designers* (3rd ed.). New York: John Wiley & Sons, 2000.

*McGowan, Maryrose. *Interior Graphic Standards: Student Edition*. Hoboken, NJ: John Wiley and Sons, 2011.

*Panero, Julius, and Martin Zelnik. *Human Dimension and Interior Space*. New York: Watson-Guptill, 1979.

Pena, W. M., and S. A. Parshall. *Problem Seeking: An Architectural Programming Primer* (4th ed.). Hoboken, NJ: John Wiley & Sons,

2001.

Pile, John F. *Interior Design* (4 th ed.). Hoboken, NJ: John Wiley & Sons, 2002.

*Ramsey, Charles G., and Harold R. Sleeper. *Architectural Graphic Standards* (11th ed.). Hoboken, NJ: John Wiley and Sons, 2007.

法律和规章

International Building Code, 2012, ICC.

National Fire Protection Association. *2012 NFPA 101*: *Life Safety Code*. Quincy, MA: Author, 2011.

---

*参考来源。

第 2 章

初步设计：
气泡图和分区图

到目前为止，我们已经完成了数据收集和用户需求分析，也初步确立了项目设计的大致理念和方法。虽然进行了初步实际设计，绘制了特定房间或空间的标准设计草图和整个项目大致的关系图，但我们还没有从现实角度来看待整个项目规划。

从预设计阶段过渡到解决客户实际问题和审美需求的平面图设计阶段，这是整个空间设计过程中最难、最关键的环节。项目分析基本上是一个分析的过程，而规划（和设计）基本上是一个合成的过程。从项目分析的分析模式过渡到规划设计的创新模式从来都不是一件容易的事，其间总是存在接合空隙。最理想的状态，当然是身为设计师的你能够使这个接合空隙最小化，并且可以操控。"接合空隙"的大小将取决于项目分析的完整度和透彻度。

较小的接合空隙得益于比较完整和透彻的项目分析。但是，接合空隙总是存在的，因此必须要有创新思路来接合这个空隙，把整个项目各种不同因素和要求合理地整合到一起。

气泡图

完成了项目分析，我们即可开始着手绘制平面图。对于一个包含诸多空间或功能的项目，几次尝试就绘制出完善的平面图可能性并不大。每次尝试都比较耗时，因为平面图涉及分区、开门方向、管道装置和设备安放等问题。除此之外，完成一幅较满意的平面图后，我们也无法确定是否会有更好的平面图方案。当然，除这种不断尝试和纠错的办法外，我们还有其他方法可以更高效地绘制出较完善的平面图。为了避免低效耗时，多数有经验的设计师会使用气泡图。简单来讲，不论设计成果是好是坏，气泡图是一种比较快速发现各种可能性的尝试和纠错的方法。虽然气泡图的首要目的和用途是解决二维问题，但在通过绘制气泡图逐步得到平面图方案的过程中，一些基本的三维问题往往也能得到解决。

绘制气泡图的工具很简单。当然，你需要一幅建筑总平面图。此外，还需要准备大量描图纸、一把建筑标尺、软笔或流质笔。通常来说，几卷价格实惠的黄色描图纸就可以，你可以使用具有适当透明度的黄色或白色描图纸。几乎任何类型的笔都可以，但标记笔和彩色蜡笔最好，因为使用它们绘图比较轻松流畅，而且痕迹清晰。

虽然很多建筑绘图是使用计算机完成的，但在空间设计的初步阶段，手绘图纸还是有一定优势的。没有电脑绘图规则和步骤的干扰，心手之间即兴的、创造性的配合使设计师的直觉和灵感能够占据主导地位，能够对即时的想法做出及时反应。

如果你的计算机配有触控笔和电子画板，你可以像在图纸上手绘一样，使用计算机完成气泡图，这样纸和笔等绘图工具就不那么重要了。然而，还有另外一种常用图表——分区图，它比气泡图更适合使用计算机绘制，其绘制技巧将在本章下文中详细介绍。

不论使用哪种绘制工具，绘制气泡图和分区图的一般指导原则是，直觉、随兴，大致成比例，不主观（至少在设计刚开始时）。这里所说的"不主观"是指"不批判"或"不评价"。其目的很简单，就是更客观有效地挖掘和记录各种可能的设计方案。

正如在规划之前要研究分析项目，实际设计开始之前也要对现有空间的平面图进行分析研究。设计师要分析现有空间，了解其外形、几何构造、结构框架等各种因素，明确其位置、建筑类型、窗户数量，掌握其独有的建筑要素（如壁炉或者大型楼梯），清楚其暖通空调系统、管道和污水排放设置等，以上这些都非常重要。当然，随着气泡图绘制过程的推进，你也将逐步了解各项要素的不同重要性。尽管如此，在明确建筑比例、开始绘制气泡图之前，还是应该花些时间（确切时间取决于项目空间大小和工期要求）研究分析和了解所从事项目的空间属性。

首先，把建筑平面图贴在画板上。如果天花板反向图包含了对设计方案有所影响的图像信息（如低管网系统、天花板高度的重大调整、天窗等），最好把天花板反向图放置在平面图下方，以确保同时能看到天花板反向图上的影响因素。（如果平面图纸不是透明的，那么就在平面图上轻描出这些影响因素。）如图 2-1 所示，将描图纸铺放在平面图上，用一只手握住纸卷（绘制气泡图不需要太多时间，所以不必特意把描图纸固定到平面图上），这样即可开始绘制。

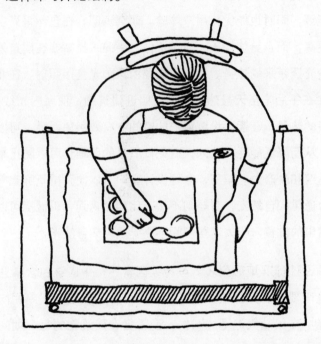

图 2-1 开始绘制气泡图

如果使用电脑绘图，天花板反向图通常是附在包含网格线、照明装置、管道系统、楼板底面等内容的图层集合中。在通常情况下，这套图层集合是已经确定的方案，将会影响气泡图和分区图方案。关于天花板反向图和常见的天花板事项对空间设计的影响，详见电子附录。

用先前完成的设计标准矩形列表，尝试所有你能想到的空间可能性。从理论上讲，只要空间大小吻合，我们应该尝试所有房间或功能布局的可能性（除非很不切实际的选择，比如把管道设施放在离管槽很远的地方）。但是，如果严格遵守这些规则，很多直观的绘制气泡图的思路就会丢失。反之，如果没有计划，完全遵照直觉来绘制气泡图，就很难确定是否挖掘了所有可能性。因此，我们应该在系统性和自发性之间寻求一个平衡点；而随着经验累积，设计师会找到适合自己的平衡之道。

主入口和主要电梯设备自然应该放在入口区和接待处。我们应该重点考虑大空间或重要场所位置，通常适合这些重要空间的位置只有两三处。那么，这几种可能性就可以绘制出一系列气泡图。管道可及性通常也是一个重要影响因素，应该把带有管道设施的房间（厨房、浴室、公共卫生间等）设置在拟设管槽允许的最大距离内。因为管槽的设置受制于布管规则，以布管规则为依据也可以绘制出一系列图表。以上提及的因素都可以作为绘制系列图表的依据。

绘制气泡图的过程应该考虑可持续因素，主要有三个方面需要考虑。第一，最大限度地利用高质量的自然光照，这样不仅可以使空间获得自然采光，节省能源，同时也能优化用户体验。研究表明，在自然采光空间内工作的人效率更高，而且更加快乐。但要记住，南向采光需要在建筑外部增设遮阳板来减少光照带来的热量。第二，避免西边阳光直接照射。在北半球，西边的阳光会在午后（全天最热的时候）照进建筑物，使屋内光线太过刺眼，并带来过多的热量。在需要设置窗户的空间中有效避免西晒，可以减少空调的使用率，从而降低能耗。此外，避免低质量的西晒也可以防止耀眼光线降低用户舒适度和生产力。第三，合理设计窗户，以便获得新鲜空气。有些空间比较适合通风和自然光，有些则不然，比如储物间和机械室可以设置在建筑物比较靠里的位置，因为这些空间不需要通风或自然光。

完整的设计标准矩形列表"可持续因素"栏中应该包含某些特定空间的光照和遮阳要求。分区较少的开放型办公空间最适合正南朝向，因为可以充分采光。在绘制气泡图的时候，通常会在建筑物的每个朝向都标注太阳图标，其中注明"低质量，炎热西晒"或"高质量，南向采光"。这些图标在设计过程中可以提醒我们考虑太阳光照方向的重要性。

隔音效果，比如僻静区和嘈杂区的分离也是我们应该考虑的重要因素。绘制气泡图时，必须考虑流通空间（走廊、楼梯、过道等）。如果没有考虑流通空间，在把图表转化成平面图的阶段，气泡图所起的作用将很有限。流通空间很重要，所以需要对其单独进行研究，并绘制一系列图表，如后面第 6 章的图 6-3 所示。我们通常会把特定的重要功能集中在一个区域，比如主要计算机设备区的设置，如果计算机设备分散在建筑的各个角落，电线布置将造成不必要的成本浪费。第 3 章、第 4 章和第 5 章将会对空间设计过程中的一些重要影响因素进行详述。

绘制气泡图不要花太多时间。与其在同一气泡图上徘徊太久，不如在描图纸其他空白部分再绘制一个不同的气泡图（不要在视线范围内放置橡皮擦）。把所有想到的可能性都绘制成气泡图，即便其中有些并不切合实际，这样才不会错过任何可能产生好创意的可能性。我们应该秉持一种不评判的态度，在气泡图绘制过程中对尚未敲定的图表不必太过严苛。有一种方法可以最大限度挖掘各种可能性，即逐一考虑各个限制条件，比如出入口、管槽、大型空间、自然光与通风需求，利用每个条件所允许的空间可能性绘制出尽可能多的可行图表。例如，假设建筑条例和管道位置决定只有两个区域适合设置公共卫生间，就以这两种空间可能性绘制尽可能多的可行气泡图（可能包含一些不合理的图表）。依据每个限制因素，不断重复绘制气泡图的过程。气泡图数量再多也不为过，尽可能挖掘任何可能性，以保证所有方案都被考虑到。即便像建筑外壳 2S 中相对较小的空间，绘制 8～12 个气泡图也是很正常的。

在绘制气泡图过程中，随时记录设计灵感是一种良好习惯。久而久之，这些记录会演变成带有个人风格的注解体系，此时你便能够熟练使用图像标记来快速记录设计需求和灵感。如前文所述，标明交通和流通空间很重要。空间内部的门窗位置、新设管槽（如适用）、隔音墙和无障碍通道等都应该被纳入标记范畴。在这一阶段，甚至审美和空间方面的问题都应做相应标记，比如天花板高度、内部景观、视觉节奏和层次等。有些设计师绘图时喜欢使用不同色彩来标注重要信息，比如公私空间、声效与视觉隐私、光照与通风需求、外部景观等。

对气泡图的使用不局限于特定类型空间，比如办公场所、卫生保健设施或者餐厅，其用途相对广泛，不论空间类型与大小，都可将其作为初步阶段的设计工具。气泡图的绘制过程感觉有点按部就班，但实际上是一个复杂的创造过程，不是一个机械化的过程。在接合分析阶段与创新阶段之间空隙的过程中，不断进行调整是一种创造性的跃进。每个设计师都会创造出一套适合自己的方法来应对各种设计问题和记录设计灵感。不存在唯一"正确"的绘制气泡图的方法，也不存在评判气泡图成果的行业标准。气泡图通常是设计师用来过渡到下一阶段（绘制粗略平面图）所使用的标记系统，一般仅供设计师本人使用。

为让读者对最终的气泡图成果有一个直观印象，图 2-2 和图 2-3 列举了两位资深设计师针对设计方案 2S 所绘制的气泡图（关于设计方案和建筑外壳字母标记的说明在下面的内容）。很明显，两位设计师解决问题和绘制气泡图的方法不一样，但都得出了可行方案，为绘制平面图做好了准备。

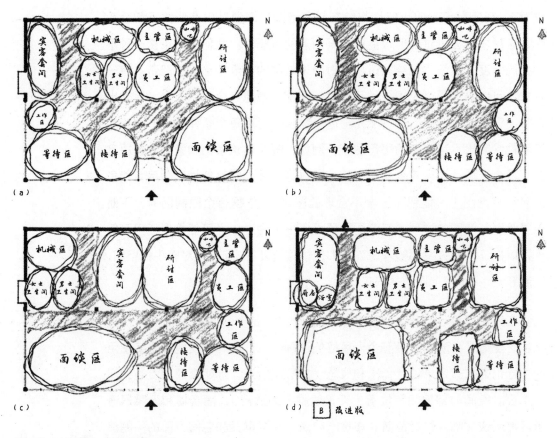

图 2-2 气泡图：设计方案 2S

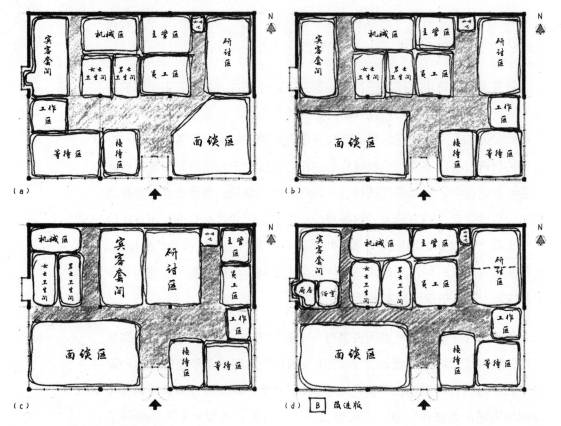

图 2-3 气泡图：设计方案 2S

空间设计练习

附录 B 提供了三个系列的空间设计练习。每个系列包含 3 个设计方案和 3 张建筑外壳平面图,可以组合成 9 个设计练习。第一个系列的空间面积大约是 1500 平方英尺;第二个系列的空间面积大约是 2500 平方英尺;第三个系列的空间面积大约是 4000 平方英尺。虽然这种预先设计好的练习对培养处理真实空间设计问题的能力没有太大帮助,但它们对于快速了解空间设计过程的细节很有帮助。在课堂上,最好能提供附有设计问题、项目分析和现有空间详细特征的设计练习。请注意,用来识别设计方案和建筑外壳的字母标记之间没有关联,也就是说,设计方案 3B 在建筑外壳 3A、3B、3C 中均可使用。

设计方案和建筑外壳 2S 是个例外。建筑外壳 2S 的面积大约是 3250 平方英尺,设计方案 2S 则对应这个面积,而 2S 中的 S 表示"范例"(sample)。在第 1 章、第 2 章、第 6 章和第 7 章的解说性范例中都使用设计方案和建筑外壳 2S 作为例子。

练习 2-1

你可以尝试为附录 B 提供的设计方案和建筑外壳组合绘制几组气泡图,先从 1500 平方英尺系列开始,再到 2500 平方英尺系列。利用练习 1-2 和练习 1-3(第 1 章)中绘制的设计标准矩形列表和关系图来绘制气泡图,这样更加省时高效。开始尝试绘制气泡图,包括最后的修改过程,最好都使用手绘。随着技术越来越熟练,也可以尝试用电脑绘制,比如使用电脑触控笔。

挖掘了所有空间可能性并绘制气泡图后,筛选所有成果,选出其中最佳的 2～3 个气泡图。这里所说的"最佳"是指那些最有可能进一步演变成可行平面图的气泡图。把选出的气泡图依次放在总平面图上,旁边再放上一卷空白描图纸,然后对气泡图逐一进行修改:调整气泡的形状和大小;更清楚地标明流通空间和通道;更精准地定位管槽、门、接入位置、隔音墙、美学和空间特征等。可以以原先的气泡图为基础,演变出另一版本的气泡图,把圆圈改为圆角矩形(效仿矩形空间或房间)。这个修改过程应该摒弃之前快速而即兴的绘图方法,转而采用更精准的、有选择性的策略。圆角矩形也不是很规整的图形,但我们已经迈出了空间设计的第一步。不管绘制和修改技巧如何,气泡图修改完成后,粗略的平面图雏形应该已经出现。虽然分区、开门方向、固定装置和其他一些细节还未完全确定，但大致空间比例分配已经确定，设计和结构方面的一些基本问题也已经得到解决。图 2-2 和图 2-3 中图（d）所示为修改后的气泡图成果。

练习 2-2

以先前绘制的图为基础，练习修改气泡图技巧。空间设计每一阶段设计技能的成功培养，直接取决于练习所花的时间和努力。保存气泡图修改成果，以便在第 6 章和第 7 章绘制粗略平面图时使用。

分区图

另外，一种初步设计阶段常用的技巧通常称为"分区图"。它常被广泛运用于大型零售场地和商场的设计。分区图的绘制过程和成果用途与气泡图相似。分区图优于气泡图的地方主要在于，其更近似于常见的平面图，有些设计师更偏爱其规整的几何图形。而分区图不如气泡图的地方在于，比较缺乏即兴绘画的灵活性，而且通常会忽略曲线或其他非矩形空间的可能性。分区图可以手绘，也可以用计算机绘制，而计算机辅助设计软件（CAD）是最适用的。我们可以重复复制总平面图到计算机屏幕上，每复制一次就可以绘制一幅新的分区图，而且可以保存或打印这些分区图。利用单线条（或者使用双线条来代表分隔墙厚度）来分配房间位置，并标注房间名称（或者使用简写，如"Rec."代表"接待室"，"Apt."代表"公寓"）。如果手绘，尽量避免使用平行边和三角形，因为它们比较死板，容易降低绘制速度。可以在总平面图下方放置一张网格纸作为参考比例，然后徒手画。和绘制气泡图一样，凭直觉绘图，不要评判，挖掘所有空间可能性，绘制尽可能多的分区图。记住，这只是一个尝试和纠错的过程。图 2-4 展示了计算机绘制的设计方案 2S 的分区图，其中图（d）是修改完善后的成果。

练习 2-3

从附录 B 中挑选几个 1500 平方英尺和 2500 平方英尺的设计方案与建筑外壳组合，以先前绘制的设计标准矩形列表为依据，练习分区图绘制技巧，尝试手绘和用计算机绘制。和先前绘制修改气泡图一样，从绘制结果中筛选几个比较理想的图，进一步修改完善。同样，将成果保存下来，以便在第 6 章和第 7 章的练习中继续使用。

有些设计师使用房间或空间纸质标签来替代绘制分区图，因为可以随时移动标签，空间关系的改变可以立刻显现出来。这种方法要从裁剪标签开始做起，用硬纸（如封面硬纸）裁剪出一些矩形块（确保标签大小与实际空间比例基本相符），并标注房间或空间名称。然后，在平面图上移动标签，适当留出流通空间和通道，直至得到可行的空间分配方案。每个合理可行的方案都应该有一个硬件备份（如扫描或者拍摄电子图片）。由于特定比例大小的标签会使空间分配方案很有限，建议大家按不同比例为每个房间或空间多制作几套标签，但要确保每个方案中同一房间或空间只使用一个标签。同样，也可以在计算机屏幕上使用房间或空间标签，在计算机上可以制作带有色彩、阴影或文字标注的标签，将这些标签在总平面图上移动，保存或打印可行的分区图方案。运用以上介绍的初步设计技巧，选出其中最理想的成果进行修改完善，就能得出粗略的平面图雏形。

很明显，并不存在所谓单一的"最佳"初步设计方法。因为初步设计其实是整个设计过程中的关键步骤，其本质是创造性过程，并没有精确的定义。因其创造性，大多数设计师最终会形成一套符合自己思维方式的方法。在你的经验达到这个水平之前，善用前文介绍的方法，假以时日，它们必能帮助你解决绝大多数的空间设计问题。

在初步设计阶段评判自己的成果并不容易。在这一阶段，绘制质量不是最重要的因素，虽然清晰图的固有价值不容忽视，但设计质量才是解决问题的关键。在课堂上，在老师或客座专家的指导下，同学们可以互相参照、讨论他人的作品，所以对初步设计成果的评判会相对容易一些。而在课堂外，大家就要学会自己评判设计成果。对设计成果的自我评判，可以从比照设计标准矩形列表中的项目要求开始。

参照设计标准矩形列表中的设计要求来评判修改完善后的气泡图和分区图。你可以问自己以下问题：邻接要求达到了吗？人员流动方便吗？建筑面积要求满足了吗？窗户设置是否满足日常需求和采光需求？是否考虑到太阳朝向的问题？视觉和听觉隐私问题考虑了吗？可持续性设计方面的需求考虑了吗？审美和空间方面的要求能达到吗？基本的设备和家具能合理摆放吗？总而言之，设身处地站在用户角度问自己"如何到达那里"或者"我能看到什么"，不要拘泥于初步设计成果。请记住：任何方案都可能有改进完善的空间。把项目分析阶段得出的成果，作为客观评判初步设计方案的工具：是否有些基本功能被遗漏了？是否有些交互功能运转不畅？在遵守建筑规范方面是否有问题？

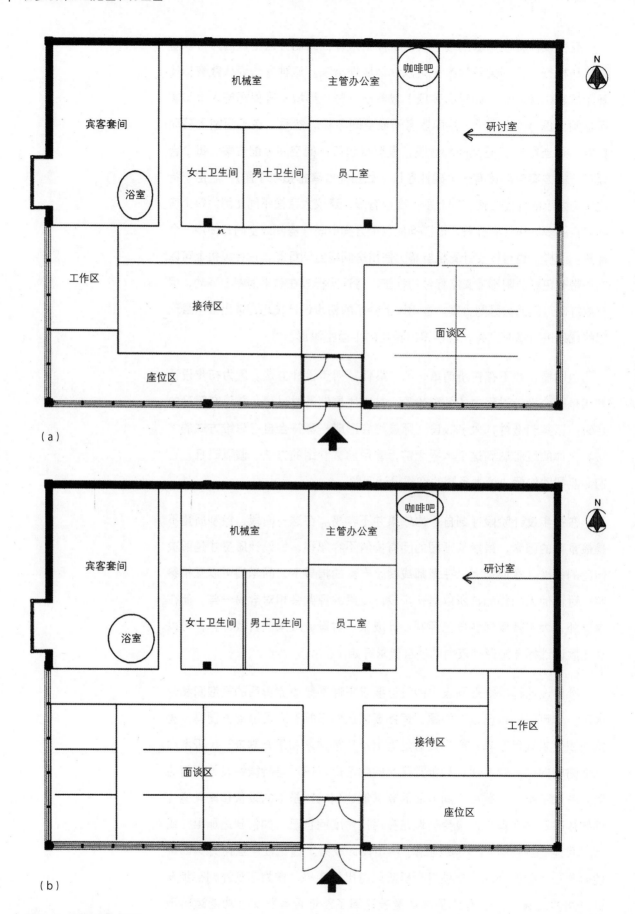

图 2-4 分区图 1-2 页

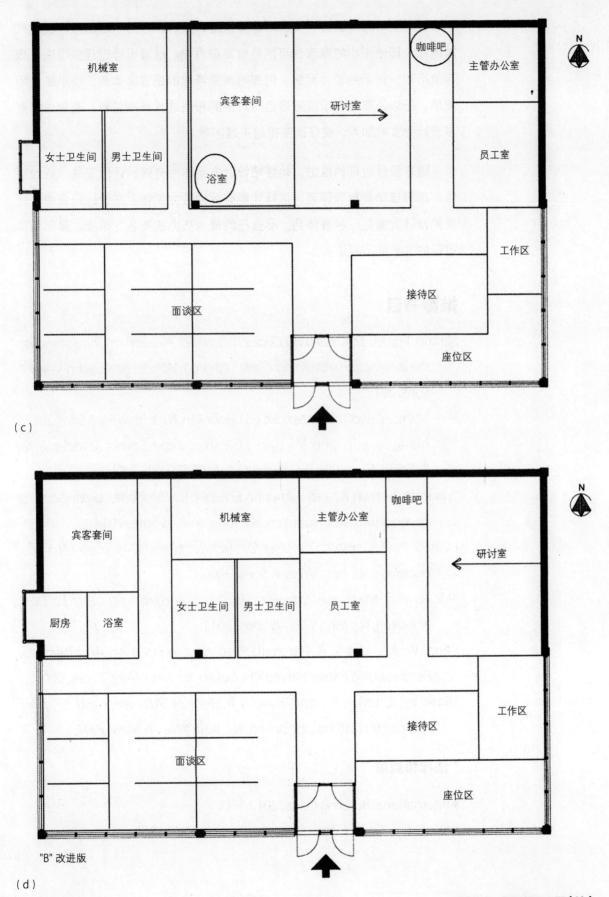

图 2-4 分区图 1-2 页（续）

这时候对方案进行一些合理的修改是必要的，因为以后的修改会越来越困难：即便细小的修改也可能导致复杂后果。随着设计过程的推进，很可能出现一些新的设计灵感，但那时需要修改的是方案本身，而不是空间布局。所以，在这个阶段应该适时对空间布局进行修改完善，避免后续更多设计元素的加入，使修改变得越来越困难。

随着设计过程的推进，始终把设计方案作为有效的评价工具。自始至终，都应该学会自我评判，这样才能有效地独立工作。在设计行业中，完美的设计方案是一种奢侈品。尽自己的最大努力权衡各方因素，得出切实可行的方案就足够了。

推荐书目

*Ching, Francis D. K. *Building Codes Illustrated: A Guide to Understanding the International Building Code* (4th ed.). Hoboken, NJ: John Wiley & Sons, 2012.

——. *Interior Design Illustrated* (3rd ed.). Hoboken, NJ: John Wiley & Sons, 2012.

*DiChiara, Joseph, and Michael J. Crosbie. *Time-Savers Standards for Building Types* (4th ed.). New York: McGraw-Hill, 2001.

*Harmon, Sharon K., and Katherine E. Kennon. *The Codes Guidebook for Interiors* (6th ed.). Hoboken, NJ: John Wiley & Sons, 2014.

Laseau, Paul. *Graphic Thinking for Architects and Designers* (3rd ed.). Hoboken, NJ: John Wiley & Sons, 2000.

*McGowan, Maryrose. *Interior Graphic Standards: Student Edition*. Hoboken, NJ: John Wiley & Sons, 2011.

Pena, W. M., and S. A. Parshall. *Problem Seeking: An Architectural Programming Primer* (4th ed.). Hoboken, NJ: John Wiley & Sons, 2001.

*Ramsey, Charles G., and Harold R. Sleeper. *Architectural Graphic Standards* (11th ed.). Hoboken, NJ: John Wiley & Sons, 2007.

* 法律和规章

- International Building Code, 2012, ICC.
- Life Safety Code, National Fire Protection Assn., 2012.

---

* 参考来源。

第3章

小型和复杂空间设计

在尝试解决常规空间设计问题之前，应该先掌握小型和复杂空间的设计。确切讲，你首先应该能胜任常见住宅空间（厨房、浴室、化妆室、洗衣室）和常见非住宅空间（公共卫生间和小型开放式厨房）的设计。同时，你也应该适度了解一些不常见空间（网络服务器机房和科学实验室）的知识。以上提到的这些空间类型的共同特征：设备密集型空间，建造成本比较高，对其设计通常着眼于节省空间和对空间的有效利用。

这些小型空间的设计并非十分难，但如果没有熟练掌握，它们将妨碍我们切实有效地解决实际设计问题。在小型空间的设计过程中，对建筑面积的不准确估算、出入口细节的不准确理解、管道铺设规则和标准的知识缺乏是妨碍新手设计师的最常见问题。以现有知识水平和设计经验为基础，你可以把本章作为从事更复杂设计项目之前的入门训练。

练习 3-1

本书提供了很多关于如何设计这类常见住宅空间的优秀材料（详见本章最后的"推荐书目"）。掌握这类空间设计技巧的最好方法是大量描图（使用手绘或通过CAD复制更佳），练习住宅型厨房、化妆室和浴室的绘图。在描图过程中，你会对各种不同的固定装置、橱柜型号、固定装置与器械关联，还有其他一些必要的细节（如接入点、零件的使用、避免门开方向冲突等问题）越来越熟悉。在描图纸或计算机上大量练习描图之后，你可以尝试在没有描图纸或计算机帮助的情况下，徒手绘制更多设计图。这些设计图的比例和精确度很重要。由于小型空间要求细节化的空间精确度，因此使用 CAD 绘图比较有利。CAD 是一种精准绘图工具，其放大功能使我们可以更容易看清空间细节，其自带的浴室固定装置（通用或定制）图库可以为我们节省时间。厨房和浴室设计图常用比例是 1/8″ 或 1/4″=1′-0″（编者注：1′-0″、1′ 0″ 或 1′0″ 为 CAD 英尺和英寸表达格式，本书采用中间加短横线方式）；如果你在纸张上绘图，可以使用大一点的比例（3/8″、1/2″ 或 3/4″=1′-0″），尽管在这样的比例下，管道装置图标通常还是无法体现出来，但比例大一些总会有利于更清楚地把握尺寸信息。当你熟悉常见的空间布局后，可以进一步挑战自己，设计一些带有非通用装置的浴室和厨房，比如增加坐浴盆、浴缸、储物柜、洗衣间或者壁龛、烹饪区、食品加工区、供餐台等。

作为例子，图 3-1 和图 3-2 展示了几组住宅型厨房和浴室的常见平面

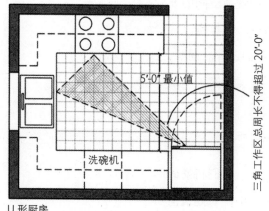

U 形厨房
面积：9′×11′

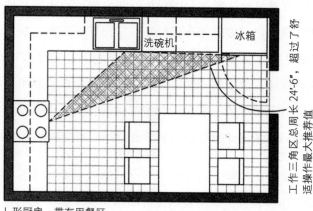

L 形厨房，带有用餐区
面积：10′×15′

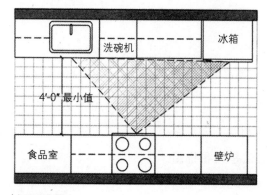

中通式厨房
面积：8′×13′

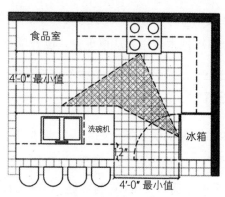

L 形厨房，带有中心工作台和早餐区
面积：10′×13′

图 3-1　住宅型厨房平面图

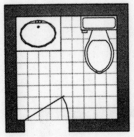
化妆室
面积最小值：4'-6"×4'-6"
比例 1/4"：1'

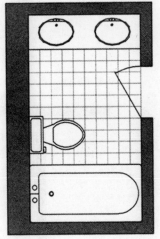
淋浴卫生间
面积最小值：5'×9'
比例 1/4"：1'

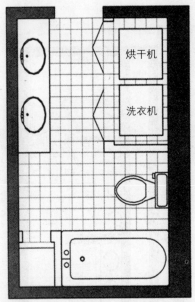
淋浴卫生间，带橱柜和洗衣房
面积最小值：12'×7'
比例 1/4"：1'

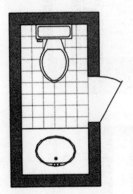
化妆室
面积最小值：3'×6'-6"
比例 1/4"：1'

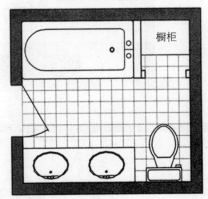
淋浴卫生间，带橱柜
面积最小值：7'-6"×7'-0"
比例 1/4"：1'

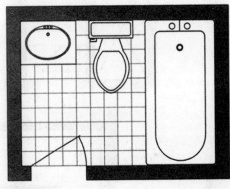
化妆室
面积最小值：5'×7'

图 3-2　住宅型浴室平面图

图，同时也有几组带有非通用装置的平面图。在设计行业中，绘图质量向来都是很重要的因素，但它并不是本章的重点。我们会把关于绘图和呈现技巧的讨论推迟到第 7 章。你可能注意到，我们也没有讨论立体空间问题。现阶段我们讨论的中心就是空间设计，立体空间问题及其与整个设计过程的关系，将在本章末进行讨论。

本章讨论的设备密集型空间绝大多数都需要设置管道。当建筑中需要设置管道时，必须参照通用的管道铺设规则进行周全考虑，确保管道的设置合理实用，节约成本。我们将在第 4 章对此进行深入探讨。现在，请参照图 3-3 中的实例，观察管道墙的背靠背设置模式、固定装置的集中安放模式和管槽的设置模式。

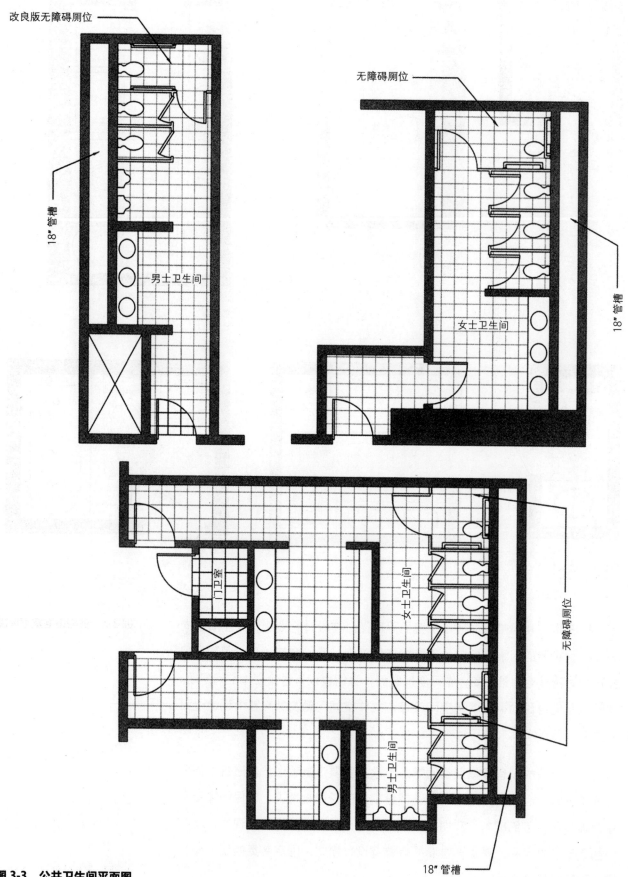

图 3-3 公共卫生间平面图

掌握小型住宅空间设计的基本方法后，可以用同样方法来设计非住宅空间。虽然关于非住宅空间的参考资料不如住宅空间那么丰富，但现有资料也足够了（详见本章末"推荐书目"）。非住宅空间的化妆室和开放式厨房等公共设施和住宅空间的设施差别不大，主要差别在于卫生间设施。非住宅空间卫生间的设计相对复杂得多，需要花大力气掌握其设计技巧，除考虑空间功能方面的设计外，还要考虑合理舒适的间距、人员流动等。关于公共卫生间设施，需要特别考虑以下几个问题。

1. 视觉隐私。使用分区或门廊设计来避免直视厕所和便器设施。

2. 专用配件。除常规管道固定装置外，还应设计舒适的厕位分区和专用配件，比如香皂盒、手巾机、垃圾桶和烘干机等。

3.《美国残疾人法案》要求。美国联邦法律和多数建筑规范均规定，公共卫生间的设计应考虑方便残疾人使用，包括使用轮椅的残障人士。

由于在公共卫生间设计中的关键性作用，本章后面将详细讨论并举例说明《美国残疾人法案》的要求，随后附上关于公共卫生间设计的练习3-2。

在非住宅建筑中，除相对标准的卫生间设计外，复杂的特殊用途空间还有很多，比较常见的有邮件室、复印中心等。除此之外，还有一些专业性非常强的特殊空间，比如科学实验室、医疗室等。在有些情况下，设计师对某一特定类型的设施非常熟悉，所以不需要专家或顾问帮助。然而，在大多数情况下，设计师还是需要请教专家或顾问（正式聘请或咨询厂商的非正式代表）。专家或顾问一般会全程提供参考信息，从项目分析阶段的图表、公开数据、个人指导意见（建筑面积要求、自然采光要求等）到设计和文件制作完成阶段（设备型号、设备安放、电力照明细节等）。熟悉常见小型空间的设计有助于更轻松地设计专门用途空间，但对于像商用厨房、计算机设备区或商用洗衣室这样的设施，寻求专家帮助是很常见的做法。图3-4所示为两组设备密集型专门用途空间的初步平面图，读者可以从中看出其与标准卫生间设计的相似之处。

人员因素

人员因素涉及范围极广的科学研究，其在建筑和室内规划设计方面有广泛运用。大多数人员因素方面的考量不在空间设计范畴之内，比如脸盆龙头把手的舒适度、照明设计和计算机设施的效能与舒适度。但是，也有一些对人员因素研究的运用和空间设计（一般空间或复杂小型空间设计）

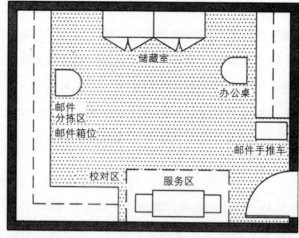

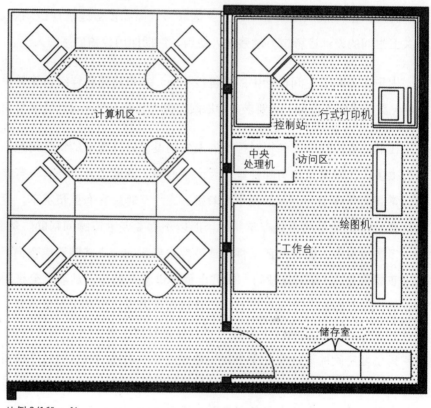

图 3-4 设备密集型专门用途空间：(a) 邮件室 / 复印区；(b) 设置绘图机和电脑工作站的控制室

直接相关。最常见的运用与人文尺度有关，这为我们设计尺寸和间距提供了必要信息。大多数对人员因素的研究主要关注成年人群体，但个别研究也会关注特定群体，比如老人或小孩。

　　设计师应该充分了解人员因素，并对其足够敏感，这样才能在需要时及时查找到相关数据并运用到设计中。由于空间设计的经济性和紧凑性，人员因素在复杂小型空间中的使用最为频繁。当然，在绝大多数的室内空间设计中都应考虑人员因素。比如，确定分隔墙和门的位置，还有常规家具和设备（办公桌或文件柜）的摆放位置，我们都应考虑人员因素。

人员因素方面需要考量的多数是常识，如在浴室或卫生间等紧凑型空间不应出现突出的台面尖角，避免将厕纸盒设置在合理的可及范围之外等。但是，有些因素则需要大范围收集数据，比如对学前日托场所或者健康中心医疗设施的设计。对人员因素始终保持开放态度，有助于保持对设计问题的敏感度，也有助于找到解决问题的方法。对人员因素方面的考量，有时远远超过空间设计范畴，而设计师有责任加强自身在这方面的素养。本章末的"推荐书目"提供了一些介绍性和参考性书目。

无障碍设计标准

通用设计

设计师必须懂得调整设计方案，使其适合残障人士使用，不管是轻微残障（老年人初期的肢体功能衰退），还是较严重残障（使用轮椅者）都应被考虑在内。我们可以从以下几个方面来看待这种设计上的调整：①从哲学上讲，空间设计应满足人类和社会需求；②从法律上讲，必须遵守相关规范的规定；③从实用角度上讲，无障碍设计就是要设计出能让所有用户感觉舒适的室内空间，也就是所谓通用设计。我们这里要讨论的不是通用设计的概念或哲学意义，而是要强调其在空间设计中的重要性。本章末"推荐书目"中列出了一系列相关的参考资料。因此，这里对于相关设计标准的解说在数量和范围上比较有限，主要集中在对空间设计有实际和持续影响的方面。至于图例方面，"推荐书目"中有好多提供了遵照《美国残疾人法案》要求的完整设计图。但是，关于残疾人的建筑规范时常变化或增加，残疾人法规在设计完成后多年将持续有影响。这些法规涉及所有类型的残障，包括视力、听力、肢体运动、肢体接触等。设计师必须及时更新对现行法规的认识，并将其运用到相应设计中。

虽然《美国残疾人法案》在诸多方面对空间设计有影响，但主要影响集中在以下4个方面。

1. 通道和出入口。
2. 卫生间和浴室设施。
3. 住宅型厨房。

4. 家具设计和摆放。

所有与残障人士有关的设计都很重要，但从空间设计方面看，至关重要的因素是尺寸：适合轮椅操作的空间尺寸。设身处地为使用轮椅的残障人士考虑很重要：是否能够顺畅地在各空间移动？从主要通道和出入口到各个具体房间与空间移动是否方便？在家具和分隔板之间移动是否顺畅？对残障人士可能面临的使用问题具备一定敏感度，对于设计出适合所有用户使用的室内空间很有帮助。

通道和出入口

走廊和过道

轮椅 360 度转弯需要 5′-0″ 直径的空间，比如走廊末端的情形（见图 3-5）。便于轮椅操作的单向直形走廊宽度至少应为 3′-8″，但这个宽度无法容纳轮椅与一个行人同时通行。双向走廊宽度至少为 5′-0″（见图 3-6）。轮椅要方便转弯，需要 3′-8″ 半径的空间（见图 3-7）。狭小通道至少需要宽 3′-0″ 才能方便轮椅通行（见图 3-8）。

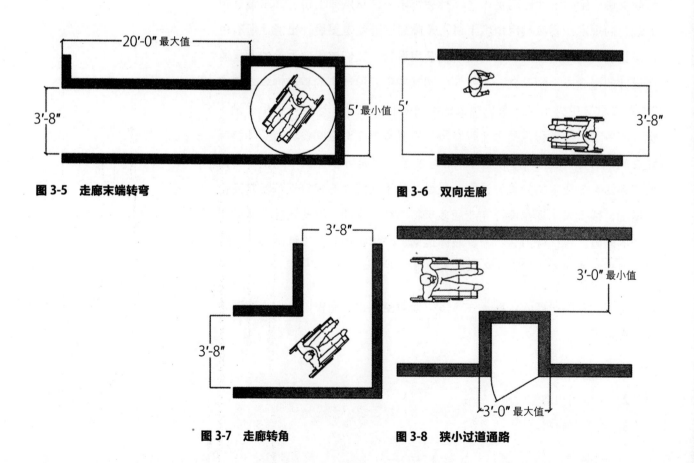

图 3-5 走廊末端转弯　　　　**图 3-6** 双向走廊

图 3-7 走廊转角　　　　**图 3-8** 狭小过道通路

坡道

坡道的最大斜率为 1:12，或者边坡率不能超过 8.33%。连续坡道最长不能超过 30 英尺；如果超过了，应设置 5 英尺长的休息平台。同时，坡道需要设置扶手（见图 3-9）。

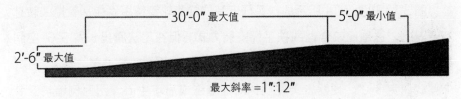

图 3-9 坡道最大斜率

门

门的最小宽度应为 2'-8"，最好是 3'-0"。请注意，由于门两边侧壁标准门挡突出 1/2"，2'-8" 的标准门实际门开宽度是 2'-7"。因为 2'-10" 不是标准门尺寸，有轮椅通行需求时通常使用 3'-0" 的门。同时注意，非自动滑行门对轮椅使用者来说很不方便（见图 3-10）。

图 3-10 门的最小宽度

在门拉开的这一侧，门把手边上应留出至少 1'-6" 的空间，以避免旁边分隔墙或其他障碍物阻止轮椅通行。而在门推开的这一侧，则应留出至少 1'-0" 的空间（见图 3-11）。

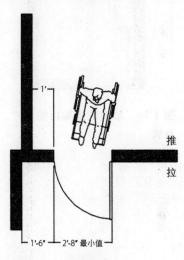

图 3-11 门的安装

楼梯

建筑规范规定了楼梯所有细节，从踏板宽度、立板高度到踏板突边和扶手（见图 3-12）。显然，楼梯设计不需要考虑轮椅操作，但《美国残疾人法案》规定了楼梯设计的一些细节，其中特别规范了扶手尺寸和安装标准。虽然它们不会影响空间设计过程和室内设计细节，但设计师必须了解如何遵守这些和楼梯设计有关的规范。

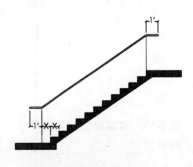

图 3-12 扶手的尺寸要求

厕所和洗手盆

供轮椅使用者使用的厕位要求按图 3-13 和图 3-14 所示尺寸和位置安装两根扶手杆。

供轮椅使用者使用的厕位需要长宽各为 5' 的空间，并使用 3' 铰链式可外摆的门，门应斜对着厕位。请注意，因为厕位中没有足够空间让轮椅转动 180 度，轮椅使用者需要后退进入厕位。

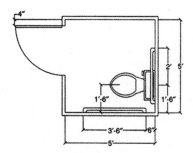

图 3-13 厕位的尺寸要求

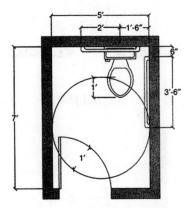

图 3-14 单项装置厕所的尺寸要求

如图 3-14 所示,如果厕位深度有 7′,那么厕位门就可以向内摆。这样的设置就容许轮椅在厕位内掉头。请注意,这里使用的便器是壁挂式的,这样轮椅的脚踏板就能移动到便器下方;厕位其他细节和手扶杆的设置与长宽为 5′ 的厕位相同。

图 3-13 和图 3-14 所示的扶手杆安装位置使轮椅使用者能从轮椅上转身到便器上,这是比较合理的扶手杆安装方式。但在无法腾出长宽 5′-0″ 空间的情况下,《美国残疾人法案》允许合理改装:厕位宽度 3′-6″、深度 6′-0″,外摆式门宽 3′-0″,便器安装在门的对面墙壁或后墙中心,两面侧墙均安装手扶杆。但是,这并不是无障碍厕位设计的推荐方式,因为大多数轮椅使用者在从轮椅起来后无法转身,只能被迫反向坐在便器上。

轮椅使用者专用洗手池要求池子的中心离墙或其他障碍物至少 1′-6″ 的距离,而且应该安装在适当高度,以便轮椅扶手能移动到池子下方;轮椅扶手的高度是 30″。此外,热水管应该隔离,以避免腿部接触到池子下方的热水管,造成烫伤。有些水暖厂商生产专供无障碍设施使用的洗手池,如图 3-15 所示。如果满足侧面距离和高度要求,反向安装洗手池也可以满足轮椅使用者使用。《美国残疾人法案》还规定水龙头开关必须是控制杆式的,而不能是旋转式的,因为旋转龙头对有些残障人士来说操作起来很困难。

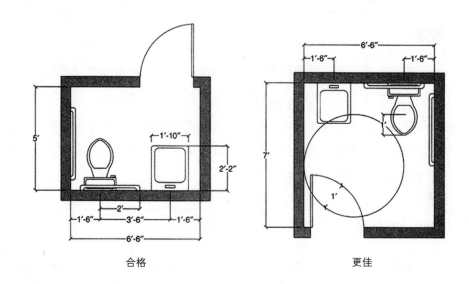

图 3-15 双项装置厕所的尺寸要求

合格　　　　　　　　　　更佳

如果便器和洗手池并排安放,那么要留有合理间距,避免拥挤,使轮椅操作困难。设置轮椅使用者专用厕位,便器和洗手池的中心线距离至少应为 3′-6″。如果两者都安放在轮椅使用者专用厕位中,则厕位最小宽度应为 6′-6″。

图 3-16 所示平面图是常见的符合《美国残疾人法案》要求的多项装置男女公用卫生间。请注意，轮椅 360 度转弯需要 5′ 直径的空间，但在空间较为紧张的情况下，也可把壁挂式台面、洗手池、便器和厕位分隔板下方的空间计算在内，这部分弹性空间的最大直径不应超过 1′。前文提及的《美国残疾人法案》规定的必要细节，比如台面离地间距、手扶杆尺寸和安装高度、洗手池龙头要求等在此处讨论的较大公用设施中同样适用。

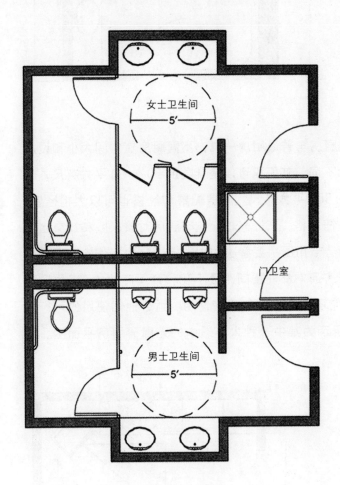

图 3-16　多项装置男女公用卫生间

除便器和洗手池外，住宅型或旅馆卫生间增加了对洗浴设施的需求。之前介绍的关于便器和洗手池的尺寸与安装要求在住宅型和非住宅型建筑中均适用。设施完整的卫生间并没有固定标准（也没有固定厕位标准），通常设有 3～4 项装置（可能增设壁柜或储物柜）。切记：浴缸对有些使用轮椅的残障人士来说非常不实用，在没有帮助的情况下，他们需要使用方便的无障碍淋浴房，其应留有足够的机动空间以便于轮椅使用者使用。如图 3-17 所示平面图是其中一种符合《美国残疾人法案》的可行住宅或旅馆卫生间方案。它的面积大约是 75 平方英尺，这个面积是同类型四项装置卫生间所允许的最小面积。

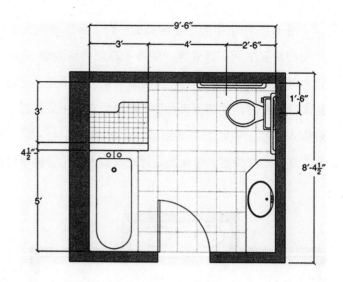

图 3-17　住宅和旅馆卫生间

住宅型厨房

轮椅使用者专用厨房与普通厨房一样，不同厨房在空间大小和设施配置上都可以有很大不同，其面积可以是紧凑的 50～60 平方英尺，也可以是奢华的 200～300 平方英尺。厨房配置和风格也可以大相径庭，主要取决于主人的烹饪风格、烹饪兴趣，还有厨房对该家庭和社交生活的重要性。轮椅使用者专用厨房要解决的主要问题是为操作轮椅提供足够空间，因为普通厨房通常都注重间距最小化和紧凑高效的"工作三角区"，这样的厨房通常不适合轮椅使用者使用。适合他们使用的可行方案有很多，图 3-18 所示为其中一种大小适中的无障碍厨房平面图。从

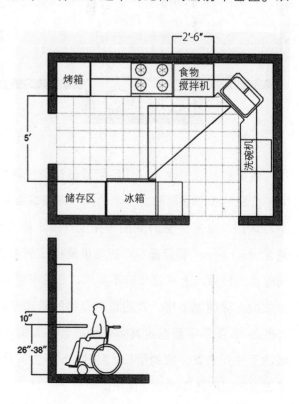

图 3-18　住宅型厨房

设计角度看，它和普通厨房的主要区别在于中心通道的最小宽度（5'）。除此之外，对残障用户来说，最重要的在于台面和架子高度，可拉出式工作台、储物单元和台面下可容双膝空间的合理设置。除空间设计方面的考量外，要设计出真正合理可行的无障碍厨房还需要很多其他方面的调查研究。

家具设计和安放

不难想象轮椅使用者等残障人士在没有无障碍设计的室内空间活动，每天要面临多少困难。

在会议室、餐厅找到一个合适位置，在休息室或客厅与人谈话，对残障人士来说一般都是很不方便的。诸如此类的情形数不胜数。因此，设计师有责任了解相关情况，并按照相应尺寸和设置要求，设计出适合残障人士使用的空间。我们这里引用的例子，会议室和休息室/客厅只是无障碍设计诸多情形中的两种。

- 会议室在与房间出入口相邻的两面侧墙边上留出了比一般情况要宽的通道空间，如图 3-19 所示。5' 宽的通道可以容纳一位轮椅使用者在不打扰其他用户的情况下较舒适地到达会议桌和入口这一侧末端的书柜。

- 休息室或客厅为轮椅使用者提供了较舒适的空间，可使他们在不打扰其他用户的情况下较得体地出入或者与人交谈，如图 3-20 所示。与上文介绍的会议室有所不同，此处没有特定的通道尺寸标准，只要家具设计与安放留出足够空间供轮椅操作和掉头即可。

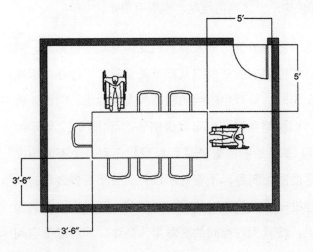

图 3-19 会议室

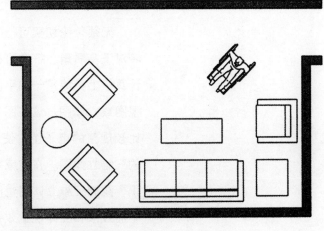

图 3-20 休息室 / 客厅

练习 3-2

为了掌握公共卫生间设施的设计，你应该尝试各种不同类型方案的设计，可以先从设计要求比较简单的双项装置独立卫生间开始，再到较大型的有特定场地要求（办公楼、剧院、餐厅等）的男女公用卫生间。通过整合特定的设计要求，比如设计一家160座餐厅或者一座550座礼堂，本练习能帮助你了解如何按照通行建筑规范的要求设置合理数量的管道装置，以满足特定场地设施的要求。完成本练习之前，最好先参考图3-3中的设计和本章"推荐书目"中的参考书籍，尤其应关注其中的无障碍设计要求。同时，为每个设计练习绘制一幅三维草图，以便了解每项设计的立体空间质量。如果在纸张上绘图，为更清楚体现尺寸信息，最好使用 1/4″=1′-0″ 的比例来绘制平面图。

三维实景图

本书关注点始终是平面图方案。但是，有好的平面图就一定能创造出高质量的室内空间吗？显然不是这样。然而，设计师经常过于专注平面空间设计过程，只考虑二维平面效果，对相应的立体空间质量考虑往往滞后。

第2章提到，在绘制气泡图时可以加入关于三维空间效果的标注。但对大多数设计师来说，在气泡图阶段绘制立体图、透视图、剖面图或立面图来了解三维空间信息有点太早。而本章介绍的是具体的平面图方案，其确立了可能产生的空间实景。所以，不管在空间设计的哪一个阶段产生平面图，同时绘制一幅三维草图，即便这个立体图再粗略，也很有用处。

无须争论切实可行的平面图是否比令人满意的立体空间图更重要，两者对于高质量、符合可持续性要求的室内空间都至关重要。当你在画板或计算机上完成第一幅平面图时，同时也应绘制粗略的室内立面、剖面、透视图或立体图，这些图可以粗略绘制，也可以像图3-21和图3-22所示的比较规整的电子图。使用CAD绘图的好处是可以轻松得到多个不同角度的三维立体图。在完成平面图绘制后，不管对所设计的空间有多么深的认识，绘制三维立体图也能进一步加深你对该空间的理解。三维立体图兼顾平面效果和立体视觉效果，使我们对空间的理解更为具体，因而能使空间概念更为明确。

小型和复杂空间设计 | 61

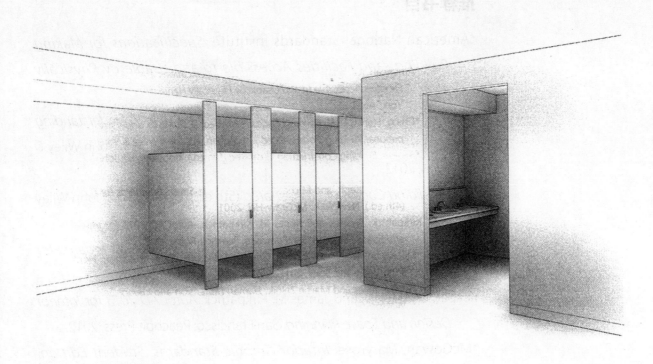

图 3-21　卫生间透视图

图 3-22　厨房透视图

推荐书目

*American National Standards Institute. *Specifications for Making Building sand Facilities Accessible to and Usable by Physically Handicapped People, A117.1*. New York: ANSI.

*Ching, Francis D.K. *Building Codes Illustrated: A Guide to Understanding the International Building Gode* (4th ed.). Hoboken, NJ: John Wiley & Sons, 2012.

*——. *Building Construction Illustrated* (5th ed.). Hoboken, NJ: John Wiley & Sons, 2014.

*DiChiara, Joseph, and Michael J. Crosbie. *Time-Savers Standards for Building Types* (4th ed.). New York: McGraw-Hill, 2001.

Kirkpatrick, Beverly, and James M. Kirkpatrick. *AutoCAD 2013 for Interior Design and Space Planning.* San Francisco: Peachpit Press, 2012.

*McGowan, Maryrose. *Interior Graphic Standards: Student Edition.* Hoboken, NJ: John Wiley and Sons, 2011.

*Panero, Julius and Martin Zelnik. *Human Dimension and Interior Space.* New York: Watson-Guptill, 1979.

*Ramsey, Charles G., and Harold R. Sleeper. *Architectural Graphic Standards* (11th ed.). Hoboken, NJ: John Wiley and Sons, 2007.

---

* 参考来源。

第 4 章

建筑外壳及其主要系统

在设计项目中,经验丰富的设计师所具备的知识及其深度对项目的完成起着巨大的推动作用。这些知识经常是课堂中学不到的,而是通过长期在大量不同类型项目中磨炼积累而获得的。课本或课堂无法完全模拟真实项目的复杂性,也无法替代不断接触各种不同风格设计的学习经验。在每个真实项目中,设计师需要请求专家帮助,需要调研建筑规范、声效、照明、机械和电力构造、历史文物保护、室外结构和室内结构等方面的相关信息和技术。

本章和第 5 章概述了对空间设计过程有重要影响的主要体系。其中对每个领域涉及的知识水平和深度都做了说明。此外,每章末针对各领域都列出了相关参考书目。这里讨论的各方面都具备一定的复杂性,每项都可以单独成书。本书无法逐一进行非常深入的探讨,而是始终围绕空间设计这个主题进行概述。

关于在第 4 章、第 5 章介绍的领域中寻求专家帮助的问题,这里做一下说明。在整个设计过程中,专业设计师通常会广泛寻求相关领域工程师或专家的帮助;建筑设计是一个极其复杂的行业,没有哪一个设计师能够通晓所有领域。简单地说,设计师的一项重要专业素养便是懂得适时寻求专家意见。本章讨论的事项涉及结构工程和机械工程,而第 5 章可能涉及的专家包括照明设计师、建筑规范专家、声效专家,以及家具和设备制造商代表。作为设计师，我们不应因为需要涉及多领域的信息和技术而退却，而是应该意识到没有哪一个设计师能够知晓所有答案，我们总是可以适时向专家寻求帮助。一旦寻求帮助，我们应该懂得如何有效地与专家进行沟通，如何明确地向他们描述设计问题和传达我们需要哪些方面的帮助。以上经验和知识，你都将从设计实践中不断获得和积累。

建筑外壳

在满足用户使用功能需求的前提下，没有什么比容纳这些功能的建筑外壳特性对设计过程的影响更大了。对空间和室内设计师来说，对建筑特性具备透彻的了解和专业的敏锐度是极其重要的。结构系统、建造材料、窗户设计、建筑外形和配置，以及建筑设计等细节，对空间设计方案有重要影响。对于以上方面的知识和敏锐度，首先来自课堂训练。本章末的"推荐书目"也提供了相关知识的参考书目。你也可以通过不断观察不同建筑来进一步积累知识和培养敏锐度。久而久之，随着在不同空间和室内设计项目中的反复磨炼，你对该领域的知识将越来越全面和专业。

不同建筑材料类型：木料、砖石承重墙或者柱状系统会影响室内设计操作的自由度。室内承重墙，尤其是砖石承重墙对设计出流畅可行的平面图经常是一个巨大障碍。建筑基本的结构材料——木料、砖石、钢筋或者混凝土，决定了拆墙和凿地的难易程度，对建筑的潜在用途和功能有着直接影响。建筑的结构跨度（柱距）通常和建筑年龄有关（一般来说，越新的建筑柱距越大），而柱距直接影响空间使用的灵活度和开阔度。显然，较小的柱距会限制分隔墙的设置、家具的摆放和流通空间。结构系统和建筑材料决定室内外空间是否可以设置门窗、哪里可以设置，以及如何设置。建筑外形和配置的复杂程度决定它是否能够满足特定的设计需求；过于复杂的外墙设置和位置特异的楼梯或电梯井可能使建筑无法满足特定用途。对于以上这些事项，设计师都应向建筑师和结构工程师寻求专业意见，并对相关事项有基本了解，以便与专家进行有效沟通，最终得出合理的空间设计方案。图4-1（a）～（d）展示了建筑外壳对空间设计有影响的几个基本方面。

除建筑外壳对设计的影响外，建筑设计和历史的影响比较细微，但很重要。具有重要历史意义的建筑是一个特殊门类，不管重要性是建筑、政治或者社会方面，其空间设计受限于相关的建筑事实。事实上，每栋建筑都有历史，每栋建筑都是时间的表征。因此，设计师应该对建筑历史有一定了解，在重新设计时也应该具备历史敏锐度。比如，设计师在对

建筑外壳及其主要系统 | 65

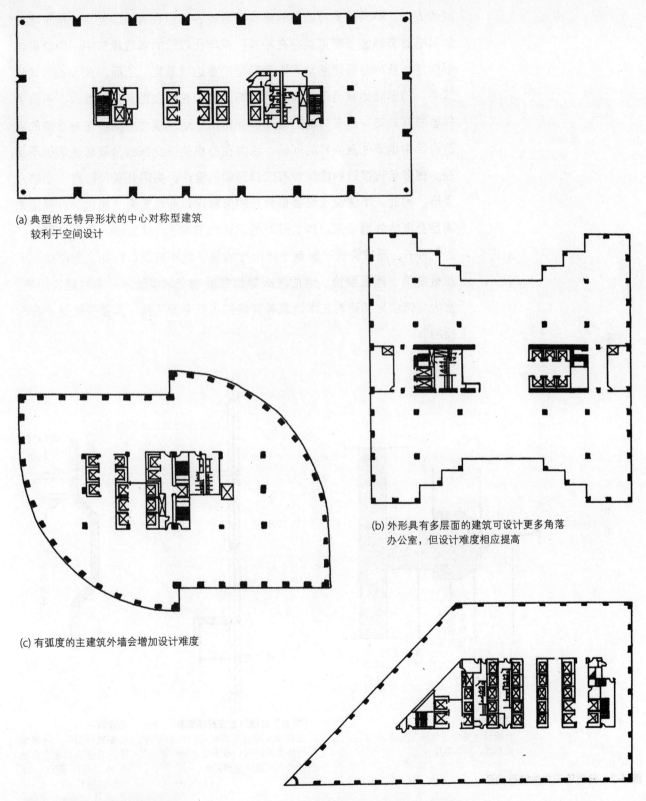

(a) 典型的无特异形状的中心对称型建筑较利于空间设计

(b) 外形具有多层面的建筑可设计更多角落办公室，但设计难度相应提高

(c) 有弧度的主建筑外墙会增加设计难度

(d) 锐角形建筑会造成空间设计的局限性

图 4-1 建筑外形影响空间设计

待 19 世纪传统建筑和 19 世纪 30 年代的艺术装饰建筑时就应采取截然不同的方法。不同历史背景下的建筑在设计各方面也有相应差异，从主要建筑风格到装饰细节都可能存在差异。在年代较近的多数建筑中，门窗装饰很简洁，新的分隔墙通常可以直接与门窗边框垂直。然而，在很多老式建筑中，门窗周边有范围比较大的装饰元素，在设立垂直分隔墙时，不仅要保留原有装饰，还要为这些装饰额外留出一定的墙面空间。在有凸窗的建筑设计中也要注意同样的问题，因为在凸窗处设立新的分隔墙通常很不美观。很多年代很近的建筑设有成排连续的窗户，每隔几英尺就有一个窗户竖框。因此，不便设立与竖框垂直的分隔墙，而是需要"拼合"分隔墙来满足竖框的外墙要求。以上列举的设计细节如图 4-2 所示。这里只列举了 3 个例子，而建筑设计影响空间设计的例子数不胜数，比如大型楼梯、天花板装饰、地面装饰、墙面嵌板等都会影响空间设计。必须对建筑历史、室内装饰由来和建筑艺术流派等背景知识有全面了解，其重要性是不容忽视的。

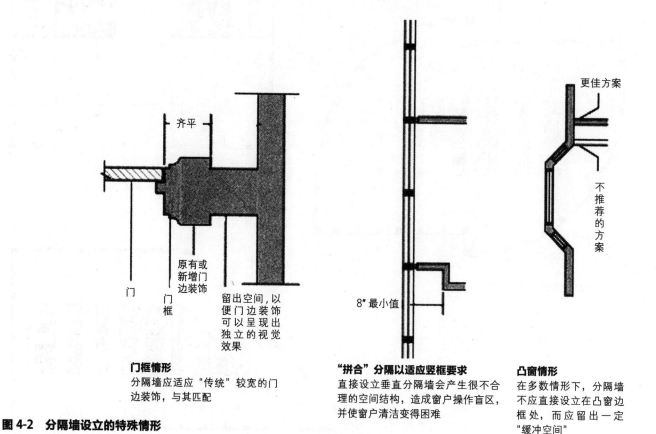

图 4-2 分隔墙设立的特殊情形

管道系统

管道系统的设置几乎是空间设计中要求最严格的一项。当然，也有少数例外，比如带有功能性地下室或爬行沟槽的单层建筑，在这样的建筑中管道系统的设置基本上没有什么限制。

但是，在绝大多数情况下，建筑的实际情况和建造成本因素都要求管道系统设置在最邻近现有排污管道的地方，这样就限制了需要管道系统的特定房间或功能性房间所能设置的位置，比如卫生间、厨房或者实验室。不过也有特殊情形，比如，医疗机构就要求管道系统分散到设施的每个角落。值得注意的是，室内设计师经常"沿用"设计公共卫生间的方法，对管道系统设置的经验比较有限。对管道设置的限制主要有以下三个方面。

1. 遵从管道设置的实用性原则。
2. 遵守现行管道设置规范。
3. 集中设置管道，以节约成本。

空间设计师不用像机械工程师或承包商一样对管道设置事项非常清楚，但对以上三项限制还是要有一个基本的了解。通常来说，你可以从专业机构或者施工现场了解到很多必要信息。经过一段时间实践，你应该尝试从以下方面建立起相关的信息体系。

1. 为满足管道设置的实用性原则，你应该熟悉管道设置的相关术语和原则。通过阅读、与机械工程师和承包商共事、在施工现场观察还未铺设饰面材料的管路布置实况，你便可以充分了解管道设置与空间设计的关系。
2. 关于管道设置规范，你应该了解对特定场所的相关规定，清楚相应的管道设置限制。在最终确定空间设计方案之前，可以向相关司法人员、机械工程师或者承包商了解情况。
3. 为节约建造成本，你应该熟悉常用的管道集中设置技巧。管道通常会沿着管槽设置，这样可以降低成本，也便于将来进行维护。关于此类管道集中设置的实例，如图 4-3 所示。

练习 4-1

从管道系统设置和空间设计的角度，回顾第 3 章练习 3-2 关于公共卫生间设计的方案。这个方案是否经济实用？从建造实用性的角度出发，重新修改方案，使之符合真实项目要求。

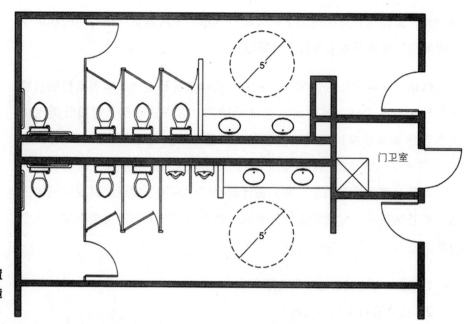

图 4-3 沿着共用管槽集中设置管道系统。这样的设置符合建造和维护经济性原则

管道系统注意事项

在空间设计初期，管道设置规则还未明确时，很多空间设计师会使用设计初期管道设置的经验法则。在设计初期，按照管道设置的经验法则，通常会将通向废水立管的水平排污管的最小斜率设置为每英尺 1/4″，如图 4-4 所示。（和其他经验法则一样，此方法仅限于设计初期使用。）

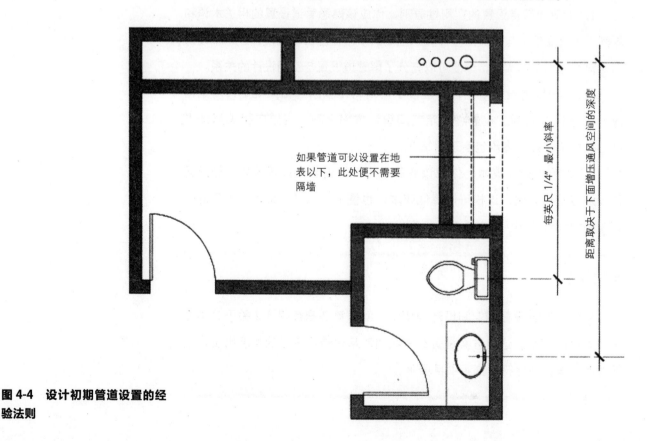

图 4-4 设计初期管道设置的经验法则

如果建造条件允许把排污管设置在地下，那么水平管道的长度便没有限制，但地下增压通风空间的深度也会对水平管道的长度产生实质性限制。除增压通风空间深度外，一些实际因素，比如净空高度或者结构观测值也可能限制水平排污管的长度。在有些可以设置增厚墙或者管槽容纳排污管的情况下，水平排污管也可以隐藏在地面以上。

暖通空调系统

对于空间设计与暖通空调系统的关系很难统一下定论，因为不同建筑之间暖通空调系统的特性可能有巨大差异。大多数现代非住宅型建筑设置了比较灵活的暖通空调系统，这些系统通常在天花板增压通风空间或者外墙单元内。由于这些系统是以最大灵活性为前提设置的，通常可以轻松快速更换，对空间设计过程影响很小。更确切地说，上述建筑的暖通空调系统对于新分隔墙的设置几乎没有限制。但是，以上情形并不适用于较老的建筑或者具有特殊用途的建筑。因为更换整套暖通空调系统通常很昂贵，而且耗时。对于较老的或者具有特殊用途的建筑，一般保留原有系统，除非它们已经非常老旧或者因其特殊性确实无法再利用。如果保留较老的、较不灵活的系统，那么将对空间分配和分隔墙设置产生重大限制。较老的系统或特殊用途建筑在结构和暖通空调系统设计上可能各有不同，因此不适用现有的经验法则或者空间设计技巧。在这种情形下，一旦了解现有条件，就应及时向机械工程师咨询，而且应该在绘制气泡图前就咨询机械工程师。图4-5列举了几个现有建筑中常见与不常见的情形。在这些情形中应该特别注意噪声控制；但是，在现有管道与设备周围彻底封闭噪声通常比较困难。

老式或独特建筑中暖通空调系统的设置技巧

作为空间设计师，我们必须了解暖通空调系统设置的基本原则，尤其是了解气流分布规律。更确切地说，你应该了解如何在板墙或吸音天花板中设置送风口和回风口。同样重要的是，必须了解送风口和回风口的设置原则：将送风口设置在外墙表面，将回风口设置在离送风口尽量远的地方，以保证最大的气流流通范围和降低空气流通不足的情况。图4-6展示了对以上原则的合理运用。在暖通空调系统的设置问题上，通常不是建筑师或机械工程师来决定方案，而是由室内空间设计师决定最终方案。对家具和各种相关设备细节的了解，使室内空间设计师可以合理部署空调系

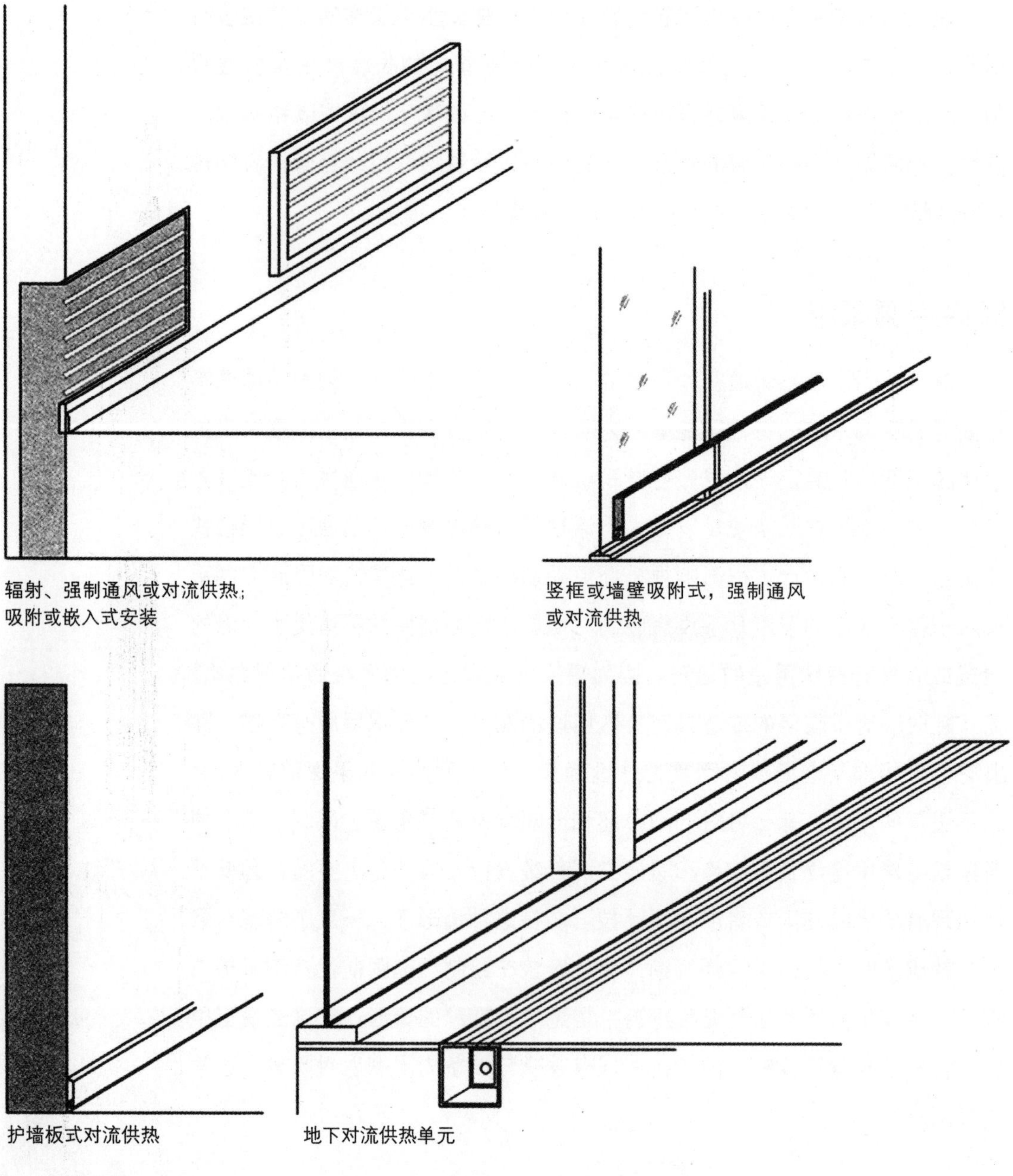

辐射、强制通风或对流供热；
吸附或嵌入式安装

竖框或墙壁吸附式，强制通风
或对流供热

护墙板式对流供热

地下对流供热单元

图 4-5　在设有以上供热系统的老式建筑修缮过程中，设立新分隔墙需要特别注意房间建造细节和隔音效果

统，从而保证最佳人体舒适度。空间设计方案确定一段时间后才会设置空调系统，而对管道系统有大致了解，并在空间设计时适度降低楼层高度会使空调系统更加高效实用。图 4-7 展示了在空调设置过程中遇到的常见情形之一。此外，还应注意空调管道系统的隔音效果，否则有可能破坏精心设计的声效环境。如果遇到隔音要求高的环境，空调系统的设置就应格外注重解决噪声问题。

作为室内设计师，我们不可能对复杂的室内环境控制系统有非常专业的了解，但应该了解基本原则和专业术语，以便能够合理地向机械工程师和承包商进行咨询，并与他们进行讨论。首先，特定培训和阅读可以帮助

建筑外壳及其主要系统 | 71

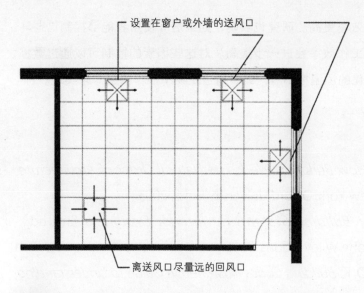

图 4-6 暖通空调系统注意事项：送风口和回风口的设置

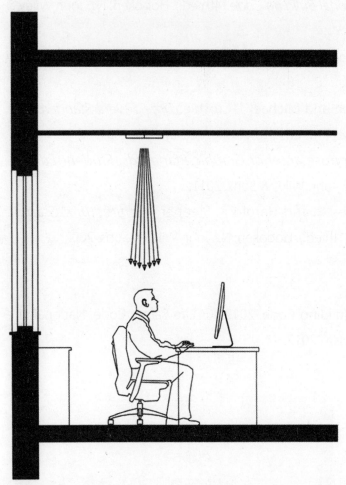

图 4-7 暖通空调系统注意事项：绘制立面图／剖面图，关注人体舒适度，避免令人不适的气流状况

我们奠定知识基础，本章末的"推荐书目"会有一定帮助。除此之外，在项目实践中反复操练所积累的知识将有助于进一步提升技能。

大量研究文献指出人体舒适度与工作效率之间的关系。简单地说，就是当照明、温度、湿度、气流和声效等因素适宜时，员工更容易集中精力工作，因此工作效率更高。研究也表明，如果房间使用者能够控制这些环境因素，他们的工作效率会进一步提高。对这些因素的控制可以通过数控照明设备、本地化的恒温控制器，或者通过更易于操作的窗户来实现。

推荐书目

Allen, Edward. *How Buildings Work: The Natural Order of Architecture* (3rd ed.). New York: Oxford University Press, 2005.

Binggeli, Corky. *Building Systems for Interior Designers* (3rd ed.). Hoboken: John Wiley & Sons, 2016.

*Ching, Francis D. K. *Building Codes Illustrated: A Guide to Understanding the International Building Code* (4th ed.). Hoboken, NJ: John Wiley & Sons, 2012.

*——. *Building Construction Illustrated* (5th ed.). Hoboken, NJ: John Wiley & Sons, 2014.

*DiChiara, Joseph and Michael J. Crosbie. *Time-Savers Standards for Building Types* (4th ed.). New York: McGraw-Hill, 2001.

*McGowan, Maryrose. *Interior Graphic Standards: Student Edition*. Hoboken, NJ: John Wiley & Sons, 2011.

*Ramsey, Charles G., and Harold R. Sleeper. *Architectural Graphic Standards* (11th ed.). Hoboken, NJ: John Wiley & Sons, 2007.

* 法律和规章

- International Building Code, 2012, ICCLife Safety Code, National Fire Protection Assn., 2012.

---

* 参考来源。

第5章

重要影响因素

除第4章讨论的建筑外壳和主要环境系统外，还有几个因素对空间设计过程有重大影响。第4章开头提到的关于设计师的知识深度和空间设计的复杂性依然适用本章将要讨论的影响因素。每个影响因素都可单独成书或者形成一门独立课程，但本书篇幅有限，无法进行如此深入的探讨，本章重点依旧围绕空间设计。不过，如果能够按照项目或环境要求对各个影响因素进行深入研究，必将受益匪浅。

建筑规范

建筑规范几乎涉及建筑规划、设计和建造的所有领域，因此极其复杂。为说明错综复杂的问题，建筑规范的措辞通常很专业，有时甚至晦涩，非专业人士一般不易理解。室内设计师通常要考虑的建筑规范涉及使用组分类、建造类型、疏散方式、防火构造，还有可燃物和有害气体。在空间设计过程中，主要关注疏散方式方面的规范，但其对基础设计方案的方方面面都有重大影响。第3章讨论的《美国残疾人法案》中相关的标准和规范也是如此，其对空间设计方案也有重大影响。

在有火情或其他恐慌情形下能够安全撤离建筑，是疏散方式考虑的核心问题。每个设计师都应该透彻理解这些标准的细节和基本原则。对这些标准的了解可以从阅读（必要的话，请重复阅读）建筑规范的相关部分和本章末列出的"推荐书目"开始。你应该了解以下举例的规范要求及其常见的执行方式。

1. 居住负荷。
2. 安全门容量。
3. 门、走廊、楼梯宽度。
4. 两个相隔较远的安全门。
5. 至安全门的行程长度。
6. 不连通走廊。

2000年首次发布的《国际建筑规范》（International Building Code，IBC）代表了通用建筑规范标准。美国很多州及相应管理部门采纳这套标准来替代原来使用多年的三套区域性规范标准——它们分别是由国际职业建筑人员与法规管理人员联合会（BOCA）和南方建筑规范国际委员会（SBCCI）制定的标准，以及统一建筑规范（Uniform Building Code，UBC）。从实用角度出发，你应该阅读并熟悉所在地区常用的规范，以及任何其他可能影响设计的当地法规。随着把建筑规范不断地运用到实际的空间设计问题中，你对建筑规范的认识将不断深入。练习5-1便是以建筑规范运用为目的而设计的。同样，在第6章和第7章的空间设计练习中，你也应当注意解决建筑规范方面的问题。完成每个练习后，都应该从建筑规范角度出发，重新审视和评判结果。

练习5-1

使用附录提供的建筑外壳3A、3B和3C（面积大约4000平方英尺），为每栋建筑绘制符合疏散规范要求的走廊设计方案（包括走廊宽度、相距较远的安全门、至安全门的行程长度、不连通走廊等），使可用（或可租用）面积最大化。此外，利用室内设计或建筑类出版物中的建筑范例，将此走廊设计练习拓展到多层商业或机构建筑中。

作为空间设计师，你应该了解与建造过程有关的常用规范。即便是分区规范，也会影响空间设计过程。然而，全面介绍这些规范的书籍却很有限。"推荐书目"中的"建筑规范"部分提供了一些参考，但阅读不足以替代在设计实践中深入领会这些规范，并学会如何使用它们。此外，必要时也要知道应该向谁寻求专业帮助。掌握这些规范并没有什么捷径，为使学习过程简化一些，可以重点关注以下6个方面的规范标准，并熟练掌握它们。

1. 使用组分类。
2. 建造类型。
3. 疏散方式。
4. 防火构造。
5. 可燃物和有害气体。
6. 《美国残疾人法案》要求。

绿色建筑评级系统

建筑规范为所有建筑居住者设立了必要的最低安全标准。在过去几十年中，建筑规范的制定官员在最低标准中增添了节能和节水效率方面的要求。比如，规范要求外墙增设隔热层，这个规定使建筑在一定程度上能抵御极端天气，同时在冬季和夏季保证室内人员舒适度的前提下，也能尽量节省能源。正如第1章和第6章讨论的，随着可持续概念的普及，对能源和环境的关注已经十分普遍。在设计和建造行业中，已经有不少人开始倡导，不仅要遵守基本建筑规范，还要进一步建立更有远见的标准。

LEED是目前美国使用最广泛的绿色建筑评级系统。首字母缩写LEED代表"能源与环境设计先锋"（Leadership in Energy and Environmental Design）。这个评级系统是由美国绿色建筑委员会（USGBC）设立的，目的是在遵守建筑法规的基础上，进一步提升能源利用率和环境质量。麦格劳-希尔公司（McGraw-Hill）发布的报告[*]显示：美国接近50%的新建商业建筑已经符合LEED认证标准。

LEED根据建筑性能对其进行评级，最高级别是白金级，随后依次是金级、银级与合格。LEED认证范围很广，比如商业建筑室内装修、各种不同类型的新建建筑等。本书关注的是商业建筑室内设计的标准。

LEED提供了一系列"评分"来明确特定的环保策略。这些环保策略可以分成以下几个大类。

- 位置和交通。
- 节水效率。
- 能源和空气。
- 材料和资源。

---

[*] *Construction Industry Workforce Shortages: Role of Certification, Training and Green Jobs in Filling the Gaps*. SmartMarket Report. New York: McGraw Hill Construction, 2012, p. 5.

- 室内环境质量。
- 创新和地区优势。

这几大类包含一系列绿色设计策略,我们将在本章随后介绍其中的大多数策略。有些策略本书不会讨论,因为它们对空间设计过程没有影响。然而,依旧推荐大家访问 USGBC 网站了解详情,并阅读本章末的"推荐书目"。

照明设计

自然采光和电力照明在空间设计中都起着重要作用。虽然特定建筑或室内空间照明需要综合考虑自然采光和电力照明,但在设计初期还不需要考虑两者的结合,因为两者结合要考虑的是设计细节和照明技术,暂时不会影响空间分配。因此,本章将自然采光和人工照明分开介绍。

自然采光

在空间设计的初步阶段,没有必要,也很难将自然采光、节能、室外景观、太阳照射方向和自然通风等因素分隔开来。在有些情况下,只有其中一个因素会影响窗户位置。而在一些情况中,这五个因素都会影响窗户设立的位置。在设计过程中,一张清晰的设计标准矩形列表足以明确这些因素。请记住,除依靠机械通风的浴室和厨房外,建筑规范通常要求所有可以居住的房间(建筑规范称为居住型空间)都应该有自然采光和通风。规范通常要求居住型建筑窗户面积至少应该达到平面面积的10%,而且其中一半(5%)应为可操作、可通风的窗户,如图 5-1 所示。即便不考虑建

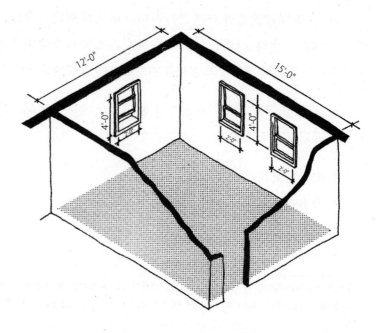

图 5-1 居住型房间的自然采光和通风

筑规范，不管居住型还是其他类型建筑，从心理需求上讲，人们都需要自己居住的空间有自然光照和外部景观。而这些人性因素正是窗户设立位置的最终决定因素。另一个需要考虑的因素是节能，自然采光最大化的同时也应该平衡其与供热和制冷需求之间的关系。

在室内设计中，心理和美学方面的考虑对如何利用自然光照的影响是最大的。在居住和工作区域，除特定功能空间外，比如展示型会议间，其余空间的自然光照和外部景观都是非常必要的。如果建筑中有大量窗户，而且内部空间较小，这种情形在设计自然采光方面不会有太大问题。但是，有些建筑窗户数量有限，或者内部空间很大，在这种情形下，自然采光方面的设计就极为关键：哪些空间可享有自然光照和外部景观，这可能需要进行艰难的权衡和抉择。图 5-2 所示为两个比较案例。

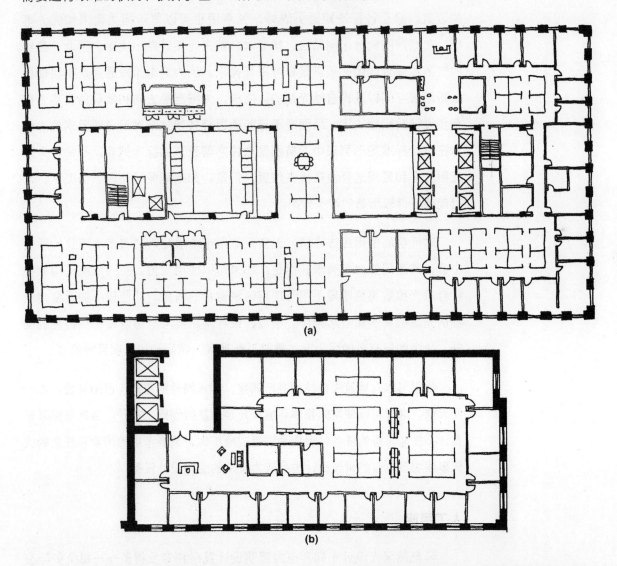

图 5-2 （a）自然光照和外部景观充足的建筑能为大多数员工提供较理想的工作条件，分区较少的工作区域使阳光能够穿过空间，照得比较远；（b）自然光照和外部景观有限的建筑在决定哪些空间优先拥有窗户时会面临艰难抉择

办公楼自然采光和外部景观设计的注意事项

自然采光设计要从第1章描述的初步空间设计分析开始。在分析用户和空间需求、绘制设计标准矩形列表时，应该明确自然采光需求的优先等级。该需求可以分为下面4个等级。

1. 必要——居住型房间，行政办公室。
2. 需要——长期工作空间。
3. 不必要——公共卫生间，短期会议空间。
4. 不需要——珍贵文件储存室。

在窗户充足的情况下，你可以为特定房间或功能选择最理想的景观角度和太阳朝向。此时也适合与整个设计团队合作，综合考虑外部遮阳装置的设置。除设计标准矩形列表外，关系图也可以显示相关需求和优先等级。在气泡图或分区图阶段，需要对自然采光设计做出决定。因此，最终的气泡图或分区图必须满足自然采光需求，因为后续阶段通常是不可能再重新配置空间以获得自然光照的。同样，太阳光照方向和景观角度也要在初步设计阶段就决定，后面是不可能通过旋转建筑来满足这些要求的。通常在设计标准矩形列表中，特别是非住宅型建筑的标准列表，不会将太阳光照方向和景观选择放在优先位置；但是，如果能兼顾这两方面要求，无疑能够获得较理想的审美效果。

对天窗的使用应该谨慎。天窗只能用于单层建筑或者多层建筑的顶楼中庭，其适用性比较有限。但是，如果可以使用天窗，空间所能获得的独特自然光照效果将明显不同于使用传统窗户的效果。即便较小的天窗也能提供充足的高质量自然光照。不过，设计师也要考虑热增量和热损耗的问题。学会如何有效使用天窗，需要不断观察、调研和积累项目经验。

如果可以对建筑围护结构进行调整，加入额外的窗户、遮阳装置，或者侧天窗，这样可以使室内整体环境和光照质量得到很大提升。虽然自然采光设计不是非常难的任务，但随着项目规模扩大，需要考虑的因素和注意的优先事项增多，自然采光设计也会成为复杂的空间设计任务。

人工照明

与自然采光设计不同，电力照明设计复杂和专业得多——每个参与空间设计的室内设计师都应该对此领域有所了解。和自然采光设计一样，人工照明对空间设计方案也有重大影响。最初，我们就应该意识到大多数建筑不仅要适合日间使用，也要适合夜间使用。显然，自然采光对夜间照明效果作用有限，我们需要独立考虑电力照明规划和设计。

  此外，绿色建筑评级系统也列出了能效、光照质量、光的可控性等注意事项。显然，人工照明总量的减少不仅可以降低能源消耗，还能对环境产生积极影响。而光的可控性使室内人员可以按照视觉任务的需求对人工照明做出相应调整。在照明系统中安装光感器来决定和调整特定空间的光亮度，也渐渐成为趋势。

  对于还没有安装照明系统（或者从经济角度考虑，整个照明系统被移除）的建筑，通常可以等到确立初步平面图、有天花板初步设计可供参考时，再考虑人工照明效果对空间设计方案的影响。

  对于已装有照明系统（通常是集成吊顶系统的一部分）的非住宅型建筑，从建造成本角度出发，一般会要求保留原有照明系统，并使空间设计风格与之协调。如果是这种情形，在设计时就不能忽略协调问题。更确切地说，你必须协调处理已有吊顶网格、窗户位置、分隔墙、灯具、家具和设备之间的复杂关系。完成气泡图或分区图后，着手绘制粗略平面图时就必须融入建筑总平面图和天花板反向图。图 5-3 所示为天花板反向图，其反映了规划设计过程中应该注意协调的一些问题。

  在初步设计阶段必须考虑天花板基本配置问题，包括天花板高度、斜率和楼板底面。天花板问题很重要，在室内设计中却经常被遗忘。所以，应该适时考虑这些问题，而不应等到平面图确定后；平面图一旦确定，在不改动的情况下再融入天花板设计可能变得十分困难。在很多建筑中，尤其是非住宅型建筑，在天花板建造过程中就会同时铺设照明线路，所以照明设计是整合在天花板设计中的。在这个关键阶段，你应该准备好包括初步照明设计方案的天花板反向图。下面将在第 6 章介绍整合天花板设计和照明设计的方法。

  在设计实践中，初步的天花板设计图绘制完后，适时向照明设计师进行咨询是比较明智的做法。因为照明设计非常复杂和专业，除非室内结构极其简单，否则都应该向专家咨询。此时也应该把基本的可持续设计因素融入初步方案中。

  在教学型设计工作室，通常没有专业照明设计专家可供咨询，但同学

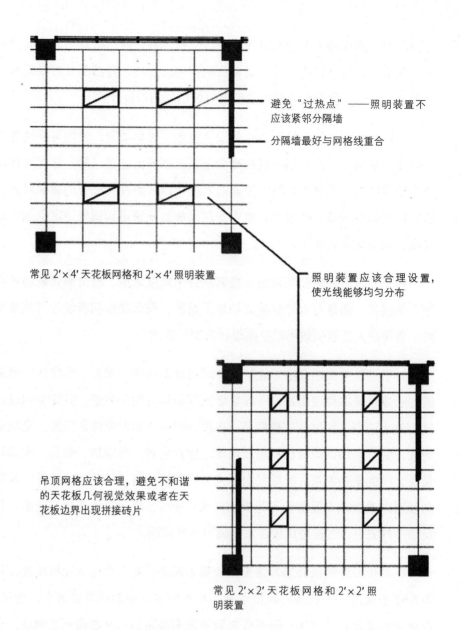

图 5-3　常见天花板反向图方案

们还是应该尝试设计照明方案。在此之前，最好先完成一些照明设计课程和作业。即便你没有做好充分准备，对照明设计问题进行深入思考也是宝贵的学习经历。

照明设计本身是一个需要许多专业知识的领域。但是，在空间设计中不需要非常详细的照明设计知识，只需掌握基本概念和技巧就可以。至于需要向专家咨询的因素，你应该有足够了解，以便与专家有效沟通与合作。如果需要加强此领域的知识，可以参考本章末"推荐书目"中的"照明设计"部分。

电力施工的其他方面本文未涉及，虽然它们是室内建造的主要部分，但通常对空间设计没有太大影响，因为电线和控制面板一般安放在地槽、墙内或者天花板吊顶中，比较容易操作。

声效设计

建筑声效是个复杂领域，需要专业技巧，但其在空间设计中的应用相对简单，一般都是些常识。除比较大的表演场所外，比如戏院、礼堂、报告厅或者餐馆，可行的声效设计只需简单技巧，外加一些基本的室内建造知识，了解如何达到特定声效和相应成本就可以了。

良好的建筑声效要从分区和隔音开始，随后考虑的是对声透射和吸收的处理。首先从第 1 章所描述的初步空间设计分析开始。在分析用户和空间需求、绘制设计标准矩形列表时，应明确声效隐私、隔音和声吸收等声效需求。在绘制气泡图或分区图时，可以分出安静和嘈杂区（通常与私密和公共区域吻合）。把学校图书馆设置在紧邻乐队排练室的地方，或者把公司总裁办公室紧挨嘈杂的机械设备室，肯定是不合适的做法，这应该是常识。尽可能首先通过合理的空间分配来解决声效问题或冲突，如图 5-4 所示。然而，很多声效冲突无法通过空间分配来解决。从空间设计角度出发，通常只能忽略这些声效冲突，有时甚至做出妥协，例如有律师事务所的组合办公室、医学诊疗室或者会议室。对于以上情形中的声效干扰，需要采用分区和隔音以外的手段进行处理。

除非在极端情况下，穿透墙壁或分隔墙的噪声都可以通过已知的建造

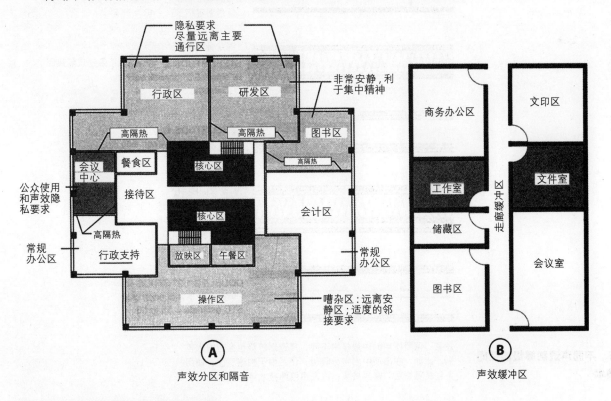

图 5-4　具备良好声效的空间设计方案

技术将其控制在可以接受的范围内。噪声分贝等级越高,需要的建造结构就越厚和复杂,成本也越高。如果空间结构无法将噪声控制在可接受范围内(如宴会厅、音乐排练室等),在空间邻接允许的情况下,可以尝试使用缓冲区,比如储存室、文件室等,如图 5-4 所示。如果设立缓冲区不合适或者很难,就必须采用高成本的厚隔音墙。

对于声效干扰普遍的房间或空间(办公室、教室、会议室等)的常规分区,要求空间设计师了解各种不同类型空间可能产生的噪声级别,以及如何使用相应建造技术来将声透射控制在可接受范围内。虽然不必非常详细了解这些建造技术,但应该清楚使用这些建造技术能相应产生怎样的声效控制效果。很多参考书提供了关于这些建造技术的基本信息(详见本章末"推荐书目")。图 5-5 展示了几个用特定建造技术解决声透射问题的案例。声透射限制与声吸收建造技术的细节远远超过空间设计范畴,这些问题通常会等到后续设计开发和施工图绘制阶段再进行处理。正如第 4 章所述,暖通空调系统的合理设置对良好的声效环境也有关键作用。所以,在处理暖通空调系统细节问题上,向声效专家进行咨询通常很有意义。

如果设计项目中有一部分是大型表演场所,其形状、高度和空间配置

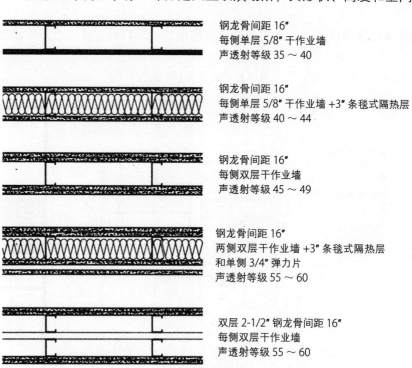

钢龙骨间距 16″
每侧单层 5/8″ 干作业墙
声透射等级 35～40

钢龙骨间距 16″
每侧单层 5/8″ 干作业墙 +3″ 条毯式隔热层
声透射等级 40～44

钢龙骨间距 16″
每侧双层干作业墙
声透射等级 45～49

钢龙骨间距 16″
两侧双层干作业墙 +3″ 条毯式隔热层
和单侧 3/4″ 弹力片
声透射等级 55～60

双层 2-1/2″ 钢龙骨间距 16″
每侧双层干作业墙
声透射等级 55～60

图 5-5　不同声透射等级的空间分隔技术

注意:依照使用的声效技术不同,声透射等级也会有很大差别。比如,在吊顶中附带分隔层,使之附于构造底面,使用条毯式隔热层、密封接头,以及声填隙技术等。

都会受到声效因素的影响，这种情况应该尽早邀请声效专家介入项目设计中。如果没有声效专家帮助，大多数设计师和建筑师在表演声效方面都不会有很专业的知识。在表演场所的设计中，表演空间的独特形状，比如戏院中有一定角度的墙，对整个空间设计方案可能产生重大影响。如果存在声效隐私或吸音性能方面的要求，在设计空间细节和绘制施工详图的过程中，声效专家的帮助就显得尤为重要。在多数规划设计项目中，施工详图等细节性建造问题通常会在稍后阶段再进行处理。

室内空间的多功能需求是很常见的情形，我们对于各种可行的分隔板类型、相应的安装成本及其可以达到的声透射等级要有大致了解。多功能需求最常见于教室、会议室、接待室或者宴会厅等空间，在其他类型室内空间也不少见。使用特定建造技术可以达到惊人的声效等级，但通常成本很高。图 5-6 所示为几种最常见的分隔板类型。本章后续还会讨论多功能空间，但并不局限于声效设计方面，会从更宽泛的角度出发（详见本章后续的"灵活性／多功能"部分）。

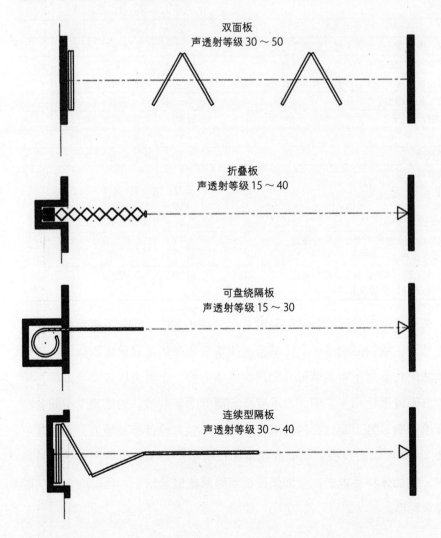

图 5-6　常见的分隔板类型

设计的经验法则

了解常见房间或空间的大致面积需求会使初步设计过程简单高效得多。记住所有类型室内设施的建筑面积需求不大可能，但多数建筑常见空间是有特定建筑面积要求的。值得我们去了解和记住的，正是关于这些常见空间或功能的经验法则。

表 5-1 所示为设计的经验法则。

表5-1　设计的经验法则

空间 / 功能	面积要求
常规化妆室（两项配置）	20～30 平方英尺
常规无障碍化妆室（两项配置，无隔间）	45～55 平方英尺
常规公寓浴室（三项配置）	35～45 平方英尺
常规无障碍公寓浴室（三项配置）	65～75 平方英尺
常规公寓厨房（非工作室或简易公寓）	65～80 平方英尺
常规公寓 工作室 / 简易公寓 一居室 两居室	 400～600 平方英尺 550～800 平方英尺 750～1200 平方英尺
大堂（酒店大厅，学生中心）	25～35 平方英尺 / 每人
等候 / 接待室（医生办公室，学校注册中心）	20～25 平方英尺 / 每人
会议室（商业或职业办公室，公共机构）	25～35 平方英尺 / 每人
集会空间（设置演讲、学校 / 酒店集会所需的排椅）	10～15 平方英尺 / 每人
礼堂（固定座位）	8～14 平方英尺 / 每人
高校餐厅	10～15 平方英尺 / 每人
中档餐馆	18～25 平方英尺 / 每人
高档餐馆	30～40 平方英尺 / 每人
组合家具，工作站 （最小） （平均） （宽敞）	 35～40 平方英尺 50～70 平方英尺 80～100 平方英尺
私人办公室，通常带有全高度分隔墙 （标准工作和咨询空间）	120～150 平方英尺
私人办公室，通常带有全高度分隔墙 （带休息座位区的行政办公室）	200～300 平方英尺

关于建筑面积的经验法则并没有一个特定数值，而只是概数或者一个数值范围。我们必须根据实际的空间质量要求来确定建筑面积数值。这些经验法则只适用于常见情形，如果会议室需要一个贵宾区或者观众席，那经验法则就不适用了。因此，不要死记硬背这些数值。如果某个空间的特定要求明确，第 1 章介绍的标准设计草图（绘制设计标准矩形列表的其中一步），就可以初步提供明确的建筑面积信息。如果某个特定空间有特殊要求，比如牙科手术室，我们就应该忽略那些经验法则，适时向专家或顾问寻求帮助。

在某种特定类型建筑（比如企业办公室、医疗办公室或学校建筑）设计方面特别有经验的设计师，在自己熟悉的领域工作时能够运用大量已知信息，而不需要绘制标准设计草图。因此，如果你达到了这样的水准，务必善用可得资源。

本章末的"推荐书目"可以帮助你积累关于建筑面积的经验法则。但是，死记硬背数据有严重局限性。不要死记硬背，而是应该参考这些数据为不同的设计情形绘制平面图，这样才能使这些经验法则适得其所。

灵活性／多功能

随着建筑成本增加，室内设计师的压力也越来越大，能够使空间利用率最大化，并能同时满足一个以上项目要求的多功能空间也成为一种必然趋势。比如，在会议中心、教学楼和宴会场所，能够灵活调整空间大小已成为一种必需。其他类型建筑中也有类似对灵活空间的需求。通过深入进行项目调研，设计师通常可以提出一些节省空间的建议，比如在对功能需求影响不大的情况下，将两项功能合并到一个空间。将小型律师事务所的图书室和会议室功能并入同一空间就是常见的做法。在特定设计情形中，如果建筑中同一功能空间较多，对流转率和利用率很高的空间进行使用时间调研，通常能够挖掘出空间错时利用的可能性，这样就可以去除一些不必要的检查室、会议室或练习室等。

我们应该了解打通或封闭空间常用的建筑产品和技术，包括它们大致的安装成本、声透射等级（本章前文讨论的"声效设计"）和用其打通或封闭空间的难易程度。为使不同功能有效转换，维护人员进行操作的难易度也要考虑在内。审美因素有时也很重要，有些在特定机构建筑中频繁使用的产品并不适用于商业或其他特定职业场所。例如，健身房使用的简洁图案可移动式分隔板可能特别适合健身房这个特定场所，却不适用于律师事务所会议室那样比较正式的场所。前文图 5-6 列出了一些常见的分隔板类型。

除了解建造技术外，你还应该清楚怎样的项目情形存在设计多功能空间或有其他节约空间的可能性。"发现"一种节约空间的可能性，通常为客户节省的不仅是工程费用，可能还有其他额外收获。专业设施管理人员会使用各种有效的项目管理技术，其中有些技术可以通过使用商业软件包来实现。

空间设计师探索空间灵活性的需求越来越迫切，主要有两个原因：第一，缩小整个项目的规模不仅可以降低建造成本，还可以减少能耗；第二，空间灵活性可以使建筑更持久耐用——这在实现高水平的可持续设计方面是非常重要的因素。

家具

虽然空间设计师不需要像室内设计师那样对各种家具有非常详尽的了解，但了解常见家具和设备尺寸与特性还是必要的。在第1章讨论标准设计草图时，我们已经初步涉及这个问题，本章再次提及，并设计了练习来加强家具设计技巧。作为空间设计师，你必须了解从哪些渠道可以找到关于特定家具空间要求的信息。我们必须清楚机场候机室特定数量的座位需要多大空间、宴会设施间需要多大空间来存放椅子和折叠式餐桌、律师事务所存储重要文件需要多大空间，等等。掌握这些设计要素并不难，我们需要做的就是记住一些尺寸信息，或者知道如何获取厂家的家具或设备清单信息（可以是网络信息或者常见的目录库）。如果你经常进行空间设计或家具设计实际操练，通常就可以快速积累起相关的尺寸信息。对家具的选择实际很复杂，而且需要技巧，这种技能的养成可能需要大量尝试和纠错，而选择家具通常会在空间设计完成后才会进行。

空间质量

随空间设计而产生的空间质量问题经常会被忽视，或者没有被给予足够重视。当我们分配室内空间时，已经有意或无意地决定了室内环境的空间质量和审美质量。但是，设计师经常因为太投入拼图游戏般的空间分配任务，往往没有足够重视空间使用者的三维空间体验。一旦确定分隔墙位置，室内空间的三维空间质量事实上就基本确定了。

有经验的设计师在计算机或画板上绘制粗略平面图时会留意空间质量问题，并且通常会根据平面图产生的三维空间质量来决定最终空间组织方案。在设计过程中，他们会频繁检验入口设计、房间形状、空间顺序、空间形象品质和使用者的空间与时间体验等。如第3章提到的，检测空间质量的一种最佳技巧便是在设计过程中定期绘制三维草图（立面图、剖面图、单线图和透视图），使用电脑绘制或手绘均可（见图3-6）。如果某个设计方案可行，应该立即动手设计房间形状、过道和走廊景观、外部景观，对结构和室内空间细节等进行协调。随着空间设计方案逐渐成形，室内基本的空间和审美质量也随之确立。这也标志着从空间设计向建筑室内设计的转变。

在完成粗略平面图后就建立概念模型也是常见做法，这样可以使三维空间现实体验更加形象化。通常使用绘图板或泡沫板建立概念模型，这个过程要比绘制三维草图费时得多，效果却非常好，因为它更能体现出基本的三维空间质量。建立模型的另一个好处是，它可以为不具备专业设计背景的客户提供更为形象的成品效果体验。

不管使用怎样的技巧，在最终设计方案确立前对其会产生的空间质量有一个相对准确的感知是非常重要的，因为再新颖的装饰和细节处理都无法弥补不佳的空间体验。

室内设计专长

本书以空间设计为基础，并未侧重任何一种类型的室内设施或功能。示范案例设计方案 2S 有意集合了办公室、住宅和会议室等功能。附录中的 9 个设计方案包含了一系列不同的室内功能。所有方案都兼具办公室的功能要素，其中也有几个会议或集会空间，以及一些商业、医疗、餐饮和展出空间。

涉猎所有类型室内设施或建筑的设计师与建筑师是很少见的。主要有两个原因：第一，多数类型的室内设计或建筑都很复杂，要提供高质量的专业服务需要专业知识和经验。在多个特定领域具备专业知识和经验是相当困难的，十分罕见。第二，大多数客户希望雇用对他们拟建设施类型非常熟悉的专业设计师。比如，计划开办新餐馆的餐饮业者通常会雇用之前设计过餐馆的专业设计师。

推荐书目

建筑规范和可持续性要求

*American National Standards Institute. *Specifications for Making Buildings and Facilities Accessible to and Usable by Physically Handicapped People (ANSI A117.1)*. New York: ANSI.

Barnett, Dianna L. and William D. Browning. *Primer on Sustainable Building* (revised ed.). Boulder, CO: Rocky Mountain Institute, 2007.

Ching, Francis D. K. *Building Codes Illustrated: A Guide to Understanding the International Building Code* (4th ed.). Hoboken, NJ: John Wiley & Sons, 2012.

*Harmon, Sharon K., and Katherine E. Kennon. *The Codes Guidebook for Interiors* (6th ed.). Hoboken, NJ: John Wiley & Sons, 2014.

Spiegel, Ross and Dru Meadows. *Green Building Materials: A Guide to Product Selection and Specifications* (3rd ed.). Hoboken, NJ: John Wiley & Sons, 2010.

Winchip, Susan M. *Sustainable Design for Interior Environments* (2nd ed.). New York: Fairchild Books, 2011.

* 法律和规章

International Building Code, 2012, ICC.

Life Safety Code, National Fire Protection Assn., 2012.

照明设计

Alien, Edward. *How Buildings Work: The Natural Order of Architecture* (3rd ed.). New York: Oxford University Press, 2005.

Binggeli, Corky. *Building Systems for Interior Designers* (3rd ed.). Hoboken: John Wiley & Sons, 2016.

Illuminating Engineering Society. *IES Lighting Handbook, Student Reference*. New York: IES, 1982.

Karlen, Mark, James Benya, and Christina Spangler. *Lighting Design Basics* (2nd ed.). Hoboken, NJ: John Wiley & Sons, 2012.

声学规划

Allen, Edward. *How Buildings Work: The Natural Order of Architecture* (3rd ed.). New York: Oxford University Press, 2005.

Egan, M. David. *Architectural Acoustics*. New York: McGraw-Hill, 2007.

规划经验法则

*DiChiara, Joseph, and Michael J. Crosbie. *Time-Savers Standards for Building Types* (4th ed.). New York: McGraw-Hill, 2001.

Kilmer, Rosemary, and W. Otie Kilmer. *Designing Interiors* (2nd ed.). Fort Worth, TX: Harcourt Brace Jovanovich College, 2014.

*McGowan, Maryrose. *Interior Graphic Standards: Student Edition*. Hoboken, NJ: John Wiley and Sons, 2011.

灵活性 / 多功能

*DiChiara, Joseph, and Michael J. Crosbie. *Time-Savers Standards for Building Types* (4th ed.). New York: McGraw-Hill, 2001.

Kilmer, Rosemary, and W. Otie Kilmer. *Designing Interiors* (2nd ed.). Fort Worth, TX: Harcourt Brace Jovanovich College, 2014.

*McGowan, Maryrose. *Interior Graphic Standards: Student Edition*. Hoboken, NJ: John Wiley and Sons, 2011.

*Ramsey, Charles G., and Harold R. Sleeper. *Architectural Graphic Standards* (11th ed.). Hoboken, NJ: John Wiley and Sons, 2007.

家具

*Ching, Francis D. K. *Interior Design Illustrated* (3rd ed.). Hoboken, NJ: John Wiley and Sons, 2012.

*DiChiara, Joseph, and Michael J. Crosbie. *Time-Savers Standards for Building Types* (4th ed.). New York: McGraw-Hill, 2001.

Kilmer, Rosemary, and W. Otie Kilmer. *Designing Interiors* (2nd ed.). Fort Worth, TX: Harcourt Brace Jovanovich College, 2014.

*McGowan, Maryrose. *Interior Graphic Standards: Student Edition*. Hoboken, NJ: John Wiley and Sons, 2011.

空间质量

*Ching, Francis D. K. *Architectural Graphics* (5th ed.). Hoboken, NJ: John Wiley and Sons, 2009.

*———. *Interior Design Illustrated* (3rd ed.). Hoboken, NJ: John Wiley and Sons, 2012.

Laseau, Paul. *Graphic Thinking for Architects and Designers* (3rd ed.). Hoboken, NJ: John Wiley and Sons, 2000.

Lockard, William Kirby. *Design Drawing*. New York: W. W. Norton and Co., 2000.

Pile, John F. Interior Design (4th ed.). Hoboken, NJ: John Wiley and Sons, 2002.

---

* 参考来源。

第 6 章

粗略平面图

完成预设计阶段，气泡图也为我们提供了基本的空间结构，进入核心阶段，着手绘制符合客户和用户需求的平面图。这里有必要再次重申，这个阶段包含一系列在相互冲突的设计标准中寻求折中和平衡的过程。这个过程通常需要对各种不同配置的好处和坏处进行权衡，所有用户需求都得到满足的情形是很少见的。简单地说，期望设计出满足所有项目要求细节的完美方案是不切实际的。

即便较小的空间设计项目，也经常存在复杂的互相冲突的设计要求，需要设计师做出准确判断，并进行细微调整。因此，最好以循序渐进的方式培养空间设计技巧，先从相对简单的小项目开始，逐渐过渡到较大的复杂项目。本章将逐步介绍如何绘制粗略平面图，或称为第一阶段平面图。这里介绍的第一阶段平面图不同于第 7 章将详细介绍的最终的初步平面图。两个阶段的不同在于，粗略平面图被定义为一种过渡阶段的"设计工具"，而最终的初步平面图经过进一步完善，将成为课堂设计任务或呈现给客户的最终成果。本章末的练习 6-2 设置了以附录 B 中 1500 平方英尺项目和建筑外壳为基础的空间设计练习。熟悉 1500 平方英尺的设计之后，你可以进一步尝试 2500 平方英尺和 4000 平方英尺的练习。

如上文所述，这个循序渐进的学习过程前提是你已经在单一空间（客厅、卧室、私人办公室、会议室等）的家具设计方面具备一定熟练度。

如果你缺乏这方面的技能，在进入下一步设计之前有必要进行一系列常见住宅空间或非住宅空间的家具设计方法训练。更复杂的大型空间家具设计经验不是必需的，但在学习空间设计技能的过程中也是一种宝贵经验。大型家具设计包含公共大厅或休息室、餐厅或俱乐部用餐室、多功能办公桌或工作站（常规与组合家具）、大规模或多功能会议室和接待室，等等。如果你在其中某一领域经验有限，在绘制粗略平面图前应系统进行一系列大型家具设计方面的学习。练习 6-1 便是为培养这方面的技能设置的。

练习 6-1

为以下列出的每个空间（包括不同大小的同一类型空间）绘制至少一幅（或者更多）平面草图。这可能看起来很费劲，但从中获得的技能很可观，你可以快速绘制平面草图，准确度维持在可接受范围内便可。在这个练习中，绘图质量并不十分重要。如果适用，也可以利用这个练习来提高你的绘图技能。尝试使用不同绘图技巧，可以手绘（徒手画或者使用标尺），也可以使用电脑绘制（使用配套网站互动资源部分提供的家具图库）。对于面积较小的空间，使用 1/4″=1′-0″ 的绘制比例；对于面积较大的空间，使用 1/8″=1′-0″ 的绘制比例。每个设计师都应该轻松使用这两个比例进行绘图。从二维角度出发来完成这些练习。当然，你也可以同时留意平面草图产生的三维效果，不过此处二维平面图才是重点。

- 企业总部接待区，设置可容纳 6 人的接待前台和座位区。然后，分别尝试可容纳 10 人、15 人和 20 人的空间设计；假设其位于建筑底层，入口采用落地玻璃墙设计。
- 律师事务所会议室，适度留出容纳音视频设备（投影幻灯片和影像装置、大屏幕显示器）的空间。分别尝试可容纳 6 人、10 人和 20 人的空间设计，假设正对入口有一面带窗户的墙。
- 管理人员餐厅（提供侍应生服务），假设其位于超高层办公楼高层位置的角落空间，两侧均有窗户，注意标明餐厅和厨房入口的位置。分别尝试可容纳 16 人、24 人和 40 人的空间设计。
- 可容纳 40 人的大学演讲／会议室，同时可利用移动式分隔板将其分为可容纳 8 人和 12 人的两间研讨室。然后，尝试可容纳 100 人（可分隔为容纳 12 人和 24 人的研讨室）的同类空间设计；假设从走廊进入该空间，正对走廊有一面带窗户的墙。

- 可容纳 6 人的销售人员工作区，每人配备一张办公桌、9 英尺长文件柜、有 3 个抽屉的抽屉柜和 8 英尺长书架。然后，尝试可容纳 12 人和 20 人的同类型空间设计；假设工作站位于办公塔楼高层的无柱空间内，该塔楼中心为电梯、卫生间等，中心区墙面离建筑外墙的距离为 40'-0"，而建筑外墙由连排窗户组成，窗台高为 3'-0"。
- 公共机构客户服务设施，带有一个中心接待区、8 人等候区和 6 个面谈区（每个面谈区放置一台台式电脑、4 英尺长文件柜、2 个抽屉的抽屉柜和 2 张宾客椅）。然后，尝试等候区分别可容纳 12 人和 20 人，以及带有 8 个和 15 个面试区的同类空间设计；假设该设施位于建筑底层，入口采用落地玻璃墙设计。

以上练习提供了许多可行的家具设置情形。你也可以尝试其他情形，建议使用较常见的非住宅空间。同样，你也可以对设计类出版物中出现的现有设施设计方案进行改进，这样的练习并不会太难。

有用的经验法则通常都是在研究家具设置情形（包括绘制标准平面草图、确定建筑面积要求，随后绘制设计标准矩形列表）的过程中获得的。它们的价值不仅在数据方面（特定功能需要多大建筑面积），还体现在视觉和几何方面（特定功能使用怎样的房间配置最合适）。有经验的设计师会逐步在脑海中形成一份清单，他们有时会把这些信息记录在笔记或草图中，这些空间标准在未来将帮助设计师轻松高效地解决问题。其中很多设计师会制作个人计算机文件或图库，记录那些可以重复使用的数据和信息。虽然这类空间标准（礼堂座位、餐厅等）也能从出版物中找到，但通过亲身实践获得的经验法则能为你提供更为灵活实用的设计工具。

开始绘制粗略平面图

不管使用怎样的绘制媒介和技巧，绘制粗略平面图的过程大体都是一样的。完成气泡图或分区图绘制后，从中选出最佳图表（如第 2 章所述）为绘制粗略平面图做准备。此外，还需要的两样工具是比例相匹配的相关图表和建筑总平面图。至于使用手绘或者计算机绘制，这就看个人习惯和熟练度了，空间设计方案并不会受此影响。但是，对于新手，最好两种方法都尝试一下再决定选择哪一种。

如果用笔在描图纸上绘图，就在总平面图上放一份用描图纸绘制的气泡图或分区图。或者，如果有使用描图纸或塑胶薄膜绘制的总平面图，就可以把气泡图或分区图放在总平面图下面，这样总平面图就比气泡图或分区图处于更有利的视觉位置。然后，在两者上方再放一张质量较好的描图纸，因为在绘制粗略平面图过程中可能会时常使用橡皮擦（不用使用质量最好的描图纸，因为这个过程的绘制成果不可能成为最终呈现的初步平面图）。使用相对粗一些的线条绘图，这样粗略平面图在画板上相对其他图表才会显得更清晰一些。因此，它能帮助你更好地把注意力集中在新做的图表上，而不是下面的建筑总平面图。

如果使用计算机软件（比如 AutoCAD）绘图，把气泡图或分区图和总平面图等分层叠放在屏幕上，气泡图或分区图使用浅灰色或其他浅色线条，而总平面图使用黑色或其他深色线条。你可以使用触控笔和电子触控板绘制气泡图或分区图，也可以扫描之前绘制的纸质版本。使用 CAD 可以轻松绘制出独自作为一层的分区图。准备好建筑总平面图和气泡图或分区图，就可以动手绘制粗略平面图了，在独立图层上使用粗线条或者显眼的彩色线条绘制，平面图才能在屏幕上凸显出来。

另一种方法是先用铅笔和描图纸绘制平面图，直到空间结构初步可见（也就是需要考虑家具摆放的阶段），这时把纸质平面图转化成用电脑绘制的平面图，利用 CAD 来完成。本章介绍逐步绘制平面图技巧所用的图，是把挑选出的气泡图扫描版以浅灰色调放在独立图层，然后在气泡图基础上使用实线绘制粗略平面图。正如没有"完美的"空间设计方案一样，同样没有"完美的"平面图绘制技巧。每个设计师都会找到一种适合自己思维方式和工作方式的个性化方法。此外，不管目前还是未来，似乎并没有什么最好的绘图方法，快速发展的电子技术必将带来新的工具和技巧。

为保持一致性，本章使用的例子和第 1 章、第 2 章使用的同样是建筑外壳 / 设计方案 2S，而相应的最佳气泡图是图 2-3 中的气泡图 d。

随着平面图逐渐成形，它们通常会与之前的气泡图产生冲突，这时你可能需要移除气泡图（不管纸质版还是电脑图层），因为它们可能不再有关，甚至成为干扰因素或障碍。绘制气泡图或分区图是一个依靠直觉的自发的过程，而平面图不同，虽然也需要直觉和自发性，但更需要方法和预见性。本章介绍了逐步绘制平面图的方法，也提供了一些图，虽然可能有其他不同的绘制方法，但不管如何，这个过程必须是严谨、有组织的。大家可参照配套网站互动资源部分第 6 章的视频教学。为了备忘，要始终把设计标准矩形列表放在视线范围内，时不时查阅；切记不要单凭记忆绘制平面图。

关注现实施工

从开始就应该确保平面图符合施工现实性。如果平面图不符合现实，尺寸上的偏差可能使其不适合大范围使用。分隔墙要使用合适的线条绘制；4″～5″是多数初步平面图使用的标准尺寸，包含废水管道的分隔墙则使用7″～8″的尺寸，而复杂的多功能管槽则使用1′-6″～2′-6″的尺寸。

从管道设置开始

之前完成的气泡图和分区图确定了空间入口与基本的流通通道。既然入口和通道都已确定，那平面图最好从空间构造相对复杂，而且受管道系统限制的空间（厨房、浴室、卫生间）入手，因为这些空间的大小和位置要求在整个建筑中是最不灵活的。偶尔会有工程的管道设置可以不受限，但这种情况很罕见。记住按要求为无障碍设施留出额外的建筑面积。图6-1所示为使用管道的空间。注意，在建筑外壳描述中，北墙和西面柱子

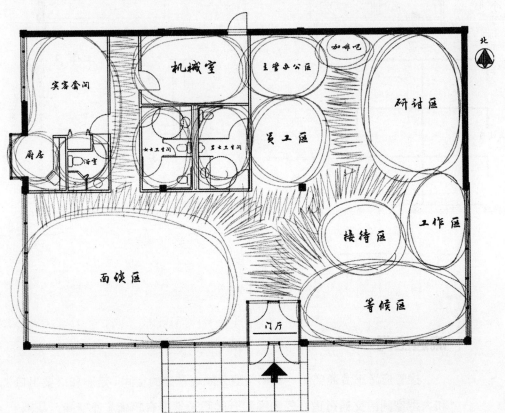

图 6-1 使用管道的空间

间管道设置必须满足 12'-0" 的空间限制。

主要空间

在多数情况下，会存在一两个面积特别大，或者功能特别重要（频繁使用）的空间。所以，第二步最好从这些空间入手，因为它们对整个建筑的功能至关重要，而且在已有结构或建筑配置下，适合这些空间的位置可能很有限。在这个阶段，有必要明确房间大小和形状，还有房间入口位置和其他细节，比如所需设备、壁橱或者储存柜，如图 6-2 所示。其中研讨室、面谈区和宾客套间已经用实线标明。

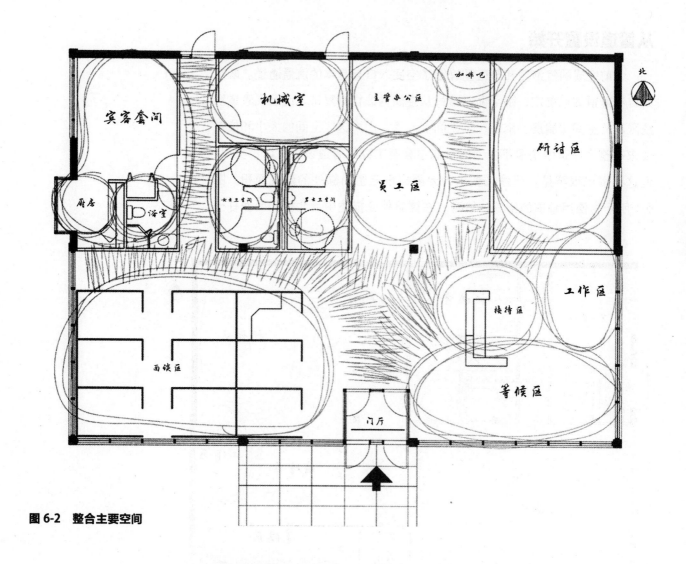

图 6-2　整合主要空间

流通空间

接着应考虑流通空间——那些随分隔墙产生的空间（走廊和必要出口）和大型空间的交通过道。气泡图和分区图通常没有明确流通空间，从图上看会感觉它们很费空间，所以在平面图阶段应该对此予以明确。此外，建筑规范对于流通通道和疏散通道有非常严格的要求（如第 4 章所述），在平面图设计过程中要始终铭记。更确切地说，你应该确保在平面图设计过程中考虑了以下问题：两个相隔较远的安全门、至安全门的最大行程长度、走廊宽度、不连通走廊、走廊阻塞等。在这个阶段对流通空间的效能进行检验，并确定走廊和其他流通空间所占的面积比例，也是一个值得推荐的做法，如图 6-3 所示。其中，流通空间占总面积的比例为 22.76%，这个数值非常接近项目分析阶段我们绘制设计标准矩形列表时所推荐的流通空间面积比例 25%。

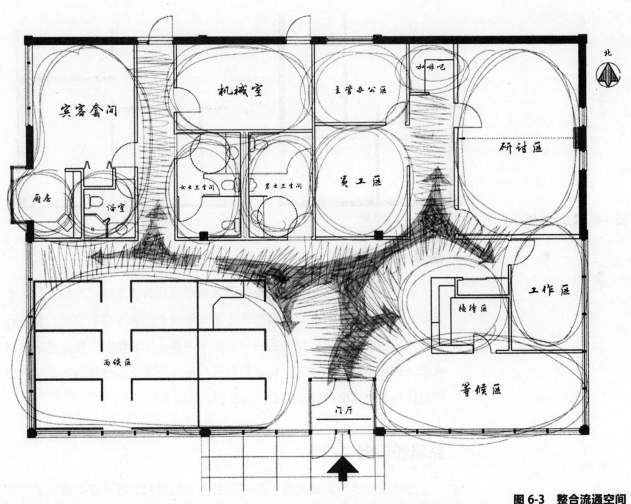

图 6-3　整合流通空间

缺乏经验的设计师经常犯一个错误，在不连通走廊末端留出不必要的延续部分。如图 6-4 所示为高效的走廊设计。总而言之，有效利用流通空间应该作为设计的一个优先要求，这样才能保证宝贵的空间不被浪费，同时确保通道便于用户使用。

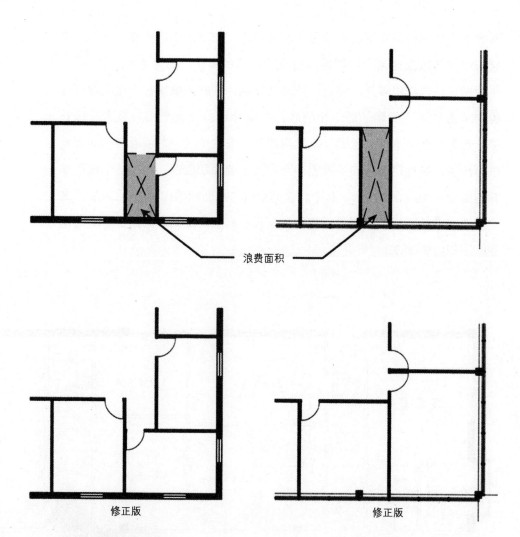

图 6-4　高效的走廊设计

基本房间分配

剩下的是基本房间分配。设计师要始终将项目要求铭记在心，包括在光照、通风、隐私和声效（僻静区）等方面需要优先考虑的空间。在设计初步阶段也不要忘记确保门的开向不发生冲突，因为随着方案逐步确立再来修正就会变得越来越难。保证门的开向不发生冲突的最佳方法是，在绘图过程中及时标出门打开需要的扇形区，如图 6-5 所示。

家具和设备

分隔墙初步位置确定后，房间与空间的位置和形状就基本确定了，家具和设备的摆放方案也相应形成。如果家具方案滞后太久，你会发现由于空间大小或设置问题（房间形状、门窗位置等），会有一个甚至多个空间无法满足项目要求。在这个阶段，虽然没有必要最终确定家具设置方案，却有必要确保基本的家具设置方案是可行的。图 6-6 展示了将家具摆放整合到平面图中的首次尝试，其中的气泡图层已经被移除。如前文所述，随

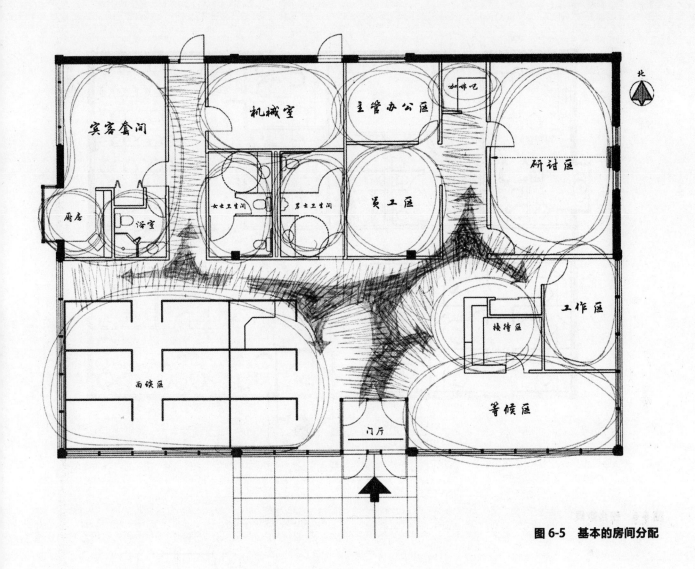

图 6-5 基本的房间分配

着平面图逐步成形，气泡图可能变成障碍。如前文所述，对绘图工具的选择取决于个人偏好；但是，如果最后的完稿需要以 CAD 形式呈现，到目前为止你还没有使用 CAD 绘图，那此时便是一个比较合适转换绘图方法的节点。请注意，家具需要在独立图层上绘制。

切记，多数家具和设备需要合理的邻接空间，以便使用。可是，这些基本的尺寸问题经常被遗忘，比如将会议桌安放在太靠墙的地方，沙发离茶几太近以致无法舒适入座，或者将床放置不当以致无法铺床。有些家具和设备带有可移动部件（如抽屉）或者需要额外的操作空间（如复印机），这些空间需求我们都应该考虑在内。如果遗忘这些因素，就会使空间功能低下。没有为拉开抽屉留出额外空间就是常见的例子。图 6-7 所示为抽屉的操作空间。

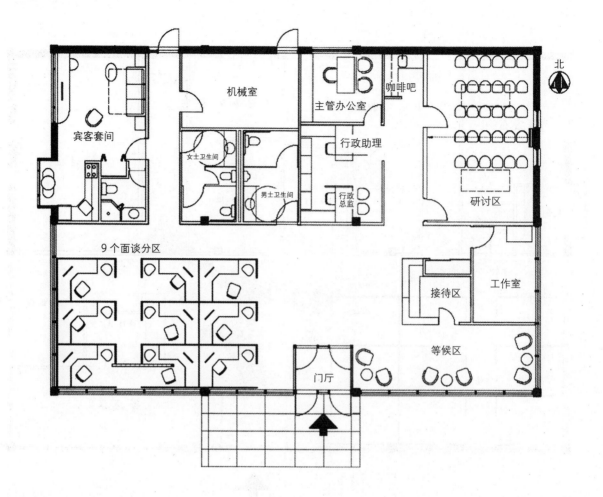

图6-6　整合家具

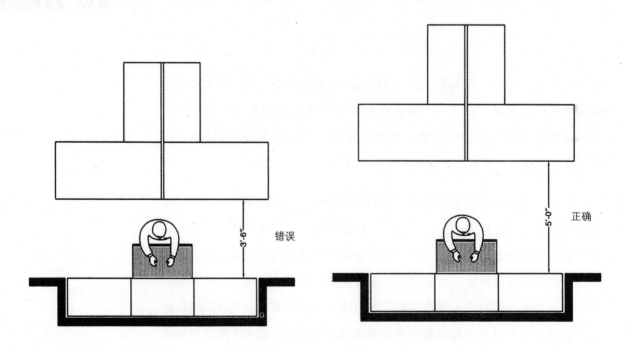

图6-7　抽屉的操作空间

储存空间和文件收纳

对储存空间和文件收纳空间的设置经常有一定迷惑性。所以,务必确保文件柜、储存柜、衣架空间、折叠桌椅存放空间等的设置符合项目要求,如图 6-8 所示。

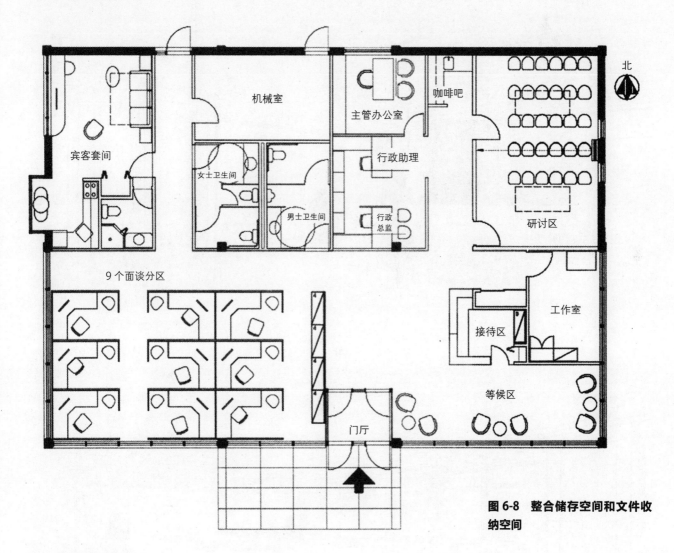

图 6-8　整合储存空间和文件收纳空间

空间质量

关于在平面图设计过程早期对三维空间效果进行评估的重要性,我们已经在第 3 章和第 5 章中提及。以下是空间规划师／设计师应该关注的一些常见问题。

- 人们在这个空间走动是怎样的感觉?
- 空间大小、规模和比例分配是否与使用空间的额定人数匹配?
- 是否每个空间的规模都与用途匹配?
- 较高的空间是否得到充分利用?

- 是否使用改变挑高、楼板底面设计和非矩形空间元素来营造生动和变换的视觉效果?
- (如果适用)是否提供了变换或连续的空间体验?
- 墙壁和整体空间比例是否符合审美要求?

图6-9 (a)入口和前台;(b)面谈区

随着粗略平面图的绘制趋于完成，是时候检测和评估其三维空间效果了。着重关注主要出入口、流通通道、主要空间、特殊空间和其他相关因素。此时，我们还有充足时间来调整和改善空间质量。图6-9展示了两幅用于初步空间质量检测的电子版透视图。

可持续性目标

我们已经在第5章提到在设计平面图初期考虑可持续性因素的重要性。以下是空间规划师／设计师应该关注的可持续性设计方面的一些常见问题。

- 设计的空间是否有理想的自然光照？
- 是否考虑到阳光太刺眼和热增量问题，设计了遮光设施没有？
- 初步照明方案是否考虑了自然光和人工照明的合理结合？
- 是否考虑了空间声效问题，比如声音吸收和传播状况？

审图

一旦整个平面图成形，不管成图多么粗略，都要进行基本审阅，这一点相当重要。自我审阅过程要尽量做到客观。可以准备粗线笔或者彩色铅笔、毡笔和一卷描图纸，绘制平面图覆盖图或者描绘一份平面图，然后在覆盖图上标出质量不佳的地方，或者标明其未达到设计标准矩形列表要求的原因。可以按照以下几点提示进行审图。

项目要求

平面图是否满足项目要求？对其进行审阅，以便及时发现被遗漏的空间或功能、空间使用人数计算不当、空间作业预判不当等问题，而不是等到平面图进一步修改完善后才审阅。第1章介绍的项目分析技能——设计标准矩形列表，在此时也可作为检验项目要求是否得到满足的工具，不仅可以用其检验数量问题，还可以检验功能、可持续性和审美等方面，包括空间邻接、隔音效果和空间质量等问题。

建筑规范

在建筑规范方面，平面图是否满足了安全疏散的要求？虽然在绘制平面图的整个过程中都应该铭记建筑规范，但在平面图初次成形时有必要对其进行概览，及时发现安全疏散出口路程太远、走廊过长、不必要的不连通走廊、走廊或楼梯宽度不合适等问题，确保符合建筑规范，而不是等到平面图进一步修改完善后才审阅。

无障碍要求

平面图是否符合法律或用户要求的无障碍设计标准？等到平面图进一步修改完善后才发现没有很好地满足无障碍要求，此时再进行调整会非常困难。所以，本阶段是确保平面图符合无障碍要求的最佳时机。

细节要求

平面图在设计细节上是否存在冲突，如门的开向、家具间隔、所需设备（电器、装置、通信设备）、起居空间窗户、管道/废水管装置间距等问题。这些问题也可稍后处理，但当前修正得越多，后面就越节省时间和精力。

随着审图过程趋于结束，描图纸覆盖图或者平面图覆描图看起来大致像图6-10中的标记平面图。尽可能修正审图过程中发现的瑕疵或冲突。但是，所有项目要求都得到满足是不大可能的，只要主要问题和多数基本要求得到满足，平面图就可以算是成功的设计方案了。图6-11所示为修正后的平面图。

修改平面图

经历漫长和艰辛的过程完成的平面图，你可能还是会觉得它离最佳方案尚有一定距离。此时，唯一的办法是选择另一个气泡图或分区图，从头再来。虽然下这样的决心很艰难，但请放心，绘制第二份平面图比第一份所花时间要少很多，因为从第一份平面图中我们已经了解什么方案可行、什么方案不可行，而且你也积累了更多与项目有关的经验，选择第二个气泡图或分区图也会更得心应手。更重要的是，你不用再重复费时的思考和数据收集过程。建议绘制第二份平面图，并非要否定大家的第一次努力，按介绍的方法按部就班地绘制平面图通常都会成功，但我们不应畏惧重复这个过程。室内设计方案的成功取决于平面图中空间配置的可行性和审美质量。因此，在这个关键阶段，我们应该尽最大的努力。

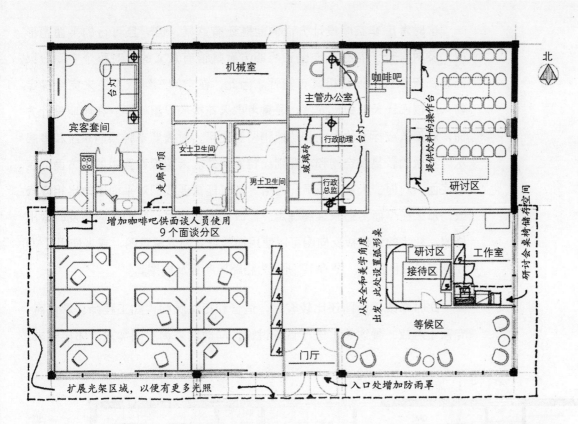

图 6-10 标记平面图

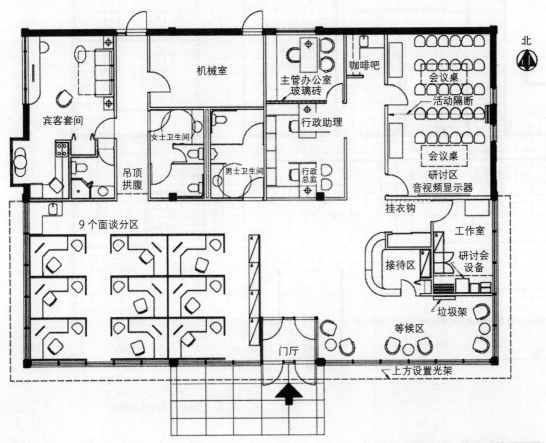

图 6-11 修正后的平面图

这时考虑非空间设计方面的问题还有点早，但一旦可行的平面图形成，及时设计天花板反向图和照明方案是很有意义的。对整个空间效果而言，天花板的设置极具可塑性。因此，在空间三维效果还未完全确定前，应该设计天花板反向图，着重考虑天花板的设置问题。在照明设计方面，对简单或标准的房间和功能稍留意便可，对需要多种照明系统和多层次天花板的较复杂空间和功能则应特别留意。天花板设置中的各方面，包括底面、斜面、天窗、吸声瓦网格等都可能需要我们对平面图做出相应修改，那么在平面图还未最终确定、修改比较容易时，我们就应该及时做出修改。初步的天花板反向图可以使用描图纸绘制成覆盖图，或者使用 CAD 绘制在单独图层上。图 6-12 所示为粗略天花板反向图。

此时修改平面图还比较容易，适合和相关顾问，如工程师、承包商、专家（声效、餐饮等）进行首轮讨论，向他们咨询空间需求、邻接要求、

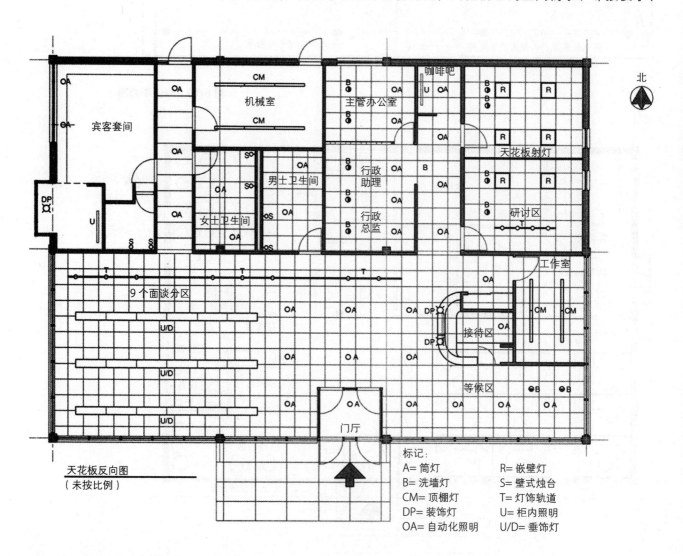

图 6-12　粗略天花板反向图

设备安放，以及其他和空间分配有关的事项。至于对这些事项的细节完善，可以等到初步平面图的最终方案和其他设计图纸得到客户认可后再进行。在和相关顾问首次会面后，一般会定下下次会面的时间。在设计粗略平面图阶段和顾问进行首次会面很重要，它可以有效减少修改设计方案的工作量。

建议大家在制作平面图早期绘制粗略天花板反向图，考虑特殊空间和设备需求看起来似乎偏离了绘制平面图这个首要任务。尽管我们推荐按部就班的设计方法，但整个空间设计过程极富创造性，不能将其归为简单的演绎过程。正如第1章所述，设计师要学会横向思考（而不只是纵向或分层思考），允许复杂的、相异的，有时甚至互相矛盾的因素以合理方式共存于设计方案中。空间设计过程本身已经是一个极其复杂的过程，再考虑非空间设计方面的因素无疑使这个过程变得更为复杂、更难应对，但还是应该尽早考虑这些非空间设计因素，以防它们日后变成"惊喜"。

课堂为我们提供了特有的互相评判的机会，这样的机会在职业实践中不可多得。和同伴一起努力解决相似的设计问题，这样的经历是不可重复的。除工作室老师提供的一对一宝贵指导和评论外，课堂还提供了许多其他形式的正式或非正式的反馈。尤其是在初步平面图设计阶段，我们可以通过讨论，对比同学的设计过程、绘图工具和技巧，以及目前的临时平面图，以获取对项目的看法。观点交流可以一对一，或者进行小组讨论，也可以在全班范围进行作品展示和评判。这种形式的课堂学习机会在职业实践中几乎不可再现，我们应该好好珍惜这样的学习机会。第7章将进一步讨论如何评判初步平面图的最终成果，以及如何评判真实的设计项目成果。

本章讨论的粗略平面图设计过程需要进行实践，亲身去感受才会有意义。第7章将介绍空间设计过程的最后一个步骤，在此之前务必尝试绘制2～3幅粗略平面图，但不需要修改完善，停留在粗略草图阶段便可。如果能够善用这些草图，这样的平面图设计练习事实上是整个设计过程最有价值的一部分。

到目前为止，我们还未提及设计需要的时间。绘制粗略平面图需要花多少时间？最终，完成一项设计任务所需时间将成为所有设计师关心的重点，因为时间会影响职业实践固有的经济成本。然而，在学习过程中匆忙完成平面图会适得其反。速度和经验成正比；但是，在目前，在不浪费时间的前提下，我们更应该妥善解决设计问题，而不是提高速度。在培养设计职业技能的整个过程中，我们都应该采取同样态度。总而言之，如果能花几周到几月时间仔细完成书中练习，你的专业技能将在很大程度上得到提高。当然，日后的项目实践也是职业技能全面发展所不可或缺的。大家现在正处于学习阶段，随着职业技能不断发展，最终会成为合格的设计师。当然，勤奋认真地完成设计练习也是培养专业技能必不可少的。

练习 6-2

你可以使用第 1 章和第 2 章练习中绘制的设计标准矩形列表、气泡图或分区图来完成平面图设计练习，也可以重新设计矩形列表、气泡图或分区图。将这些图表作为基础，尝试为附录中提供的至少 3 个 1500 平方英尺设计方案和建筑外壳组合设计与绘制粗略平面图。手绘和 CAD 绘制最好都尝试一下，以便了解哪一种更适合自己。最重要的是，重复练习这种小型设计，直至自己觉得满意。在练习过程中，如果能够得到正式或非正式的评判，那最好不过，这些评判将帮助你更好地完成初步平面图的最终方案。接下去的第 7 章将介绍如何完善平面图，以便得到平面图最终方案。

接下来，你可以接着为 2500 平方英尺和 4000 平方英尺设计方案和建筑外壳组合设计粗略平面图，但我们更推荐在完成 1500 平方英尺平面图的最终方案后再扩大设计规模。因此，更大规模的粗略平面图和平面图最终方案设计练习将出现在第 7 章。

附录中的设计方案和建筑外壳组合为我们提供了广泛的实用空间和功能范畴。设计方案涵盖了住宅、常见办公场所和众多人员使用的公共场所，而建筑外壳有木结构住宅、钢筋结构商业 / 机构建筑和超高层办公大楼。除解决项目所提出的设计问题外，大家在完成本章和第 7 章的练习时，也应该对建筑用途、规模和背景有一定了解和敏锐度。作为专业设计人员，你必须对这些事项负责。美国室内设计资格委员会（CIDQ）组织的测试也会检验设计师处理这些常见问题的能力。

推荐书目

*Ching, Francis D. K. *Architectural Graphics* (5th ed.). Hoboken, NJ: John Wiley & Sons, 2009.

*——. *Interior Design Illustrated* (3rd ed.). Hoboken, NJ: John Wiley & Sons, 2012.

*——. *Building Construction Illustrated* (5th ed.). Hoboken, NJ: John Wiley and Sons, 2014.

*Harmon, Sharon K., and Katherine E. Kennon. *The Codes Guidebook for Interiors* (6th ed.). Hoboken, NJ: John Wiley and Sons, 2014.

Lockard, William Kirby. *Design Drawing.* New York: W. W. Norton and Co., 2000.

* 法律和规章

International Building Code, 2012, ICC.

Life Safety Code, National Fire Protection Assn., 2012.

---

* 参考来源。

第 7 章

完善平面图

第 6 章绘制的平面图虽已基本完成,却还未达到能够呈现给客户的标准。说到呈现标准,即便在最不正式的场合呈现平面图,比如课堂评判环节或设计室内部同事审阅,大家都会希望看到更完善一些的图表。第 6 章介绍的粗略平面图在课堂以外展示是极少见的,像这种粗略的平面图基本上不会呈现给同事或者客户审阅。初步平面图可以以简单方式呈现,也可以以复杂方式呈现,而最终方案将取决于具体设计情形的要求。

平面图的最终呈现形式是由项目性质决定的。课堂布置的设计任务通常有多种形式,可能是快速草绘,也可能是使用一系列呈现技巧的展示图,简洁的可以是最基本的白色背景和黑色线条图,复杂的可以是着色的、具备展出质量的展示板。职业实践同样需要多种多样的绘制技巧,可以是和客户进行初步商讨的不正式简绘图,也可以是在会议室供众多客户代表进行评判的正式而详尽的大型呈现方案。

本书重点是空间设计,而不是设计呈现。尽管如此,空间设计的体现形式就是平面图,所以平面图的绘图质量是不容忽视的。这里介绍的规划方法的前提是,从粗略平面图向平面图初步或最终呈现形式的转变是设计过程的一部分,而不仅是图形上的改良。本章首先详细介绍从粗略图向呈现图的转变过程,随后是关于绘图质量和呈现技巧的一些观点。

平面图的呈现效果和与之配套的辅助图表息息相关，特别是立面图和剖面图的质量。线条粗细、注释和空间分隔的厚度体现等是所有室内设计项目图纸中最常见的设计元素，突出这些元素能使平面图更清晰易懂。而绘图技术的连贯性和图纸的交互性是所有设计师、设计专业学生和专职设计人员成功的必需要素。

完善粗略平面图

第6章介绍粗略平面图时强烈建议大家在设计过程中进行审阅和评估。现在假设已经完成了审阅和评估，我们接着就应该进入设计的总结阶段——完成初步平面图的最终方案。

随着设计过程推进，我们将不再注重对绘图方法的讨论。在粗略平面图设计阶段使用手绘方法的设计师到平面图完善阶段可能还是会沿用同样的方法，但他们也可能在这个阶段改变绘图方法，从手绘转为用电脑绘制，或者相反。无论选择哪种绘图方法都不会影响最终设计方案。我们鼓励大家将手绘和用电脑绘制都尝试一下，以便了解哪一种更适合自己。当然，最终呈现方案阶段，对不同绘图方法的选择有不同用意，这点我们会在本章后面介绍。

如果你在纸上绘图，就把最新的粗略平面图固定在绘图板上，在上面固定一层质量较好的描图纸。（请使用质量较好的描图纸，因为在修改过程中可能需要经常使用橡皮。）可以使用几种不同型号的铅笔，从软芯到硬芯，以便用不同粗细的线条体现出不同的视觉重要性，比如门开向的体现就应和分隔墙不同。可以绘制比较工整的硬笔草图，也可以是较为随意的手绘图样，但要确保相对准确的尺寸比例，这点很重要。常见的龙骨和墙板在绘图体现上就应明显区别于8″管道墙。当然，目前这个完善阶段的成果也只是用于课堂或内部展示、讨论和评判，还不是正式版本。

如果在计算机上绘图，就将修改好的最新粗略平面图保存并复制一份，然后在副本上进行修改。用电脑绘图，尺寸与比例的精确度就不成问题，电脑绘图的精确度实际上远远超过这个阶段对绘图质量的要求。在这个完善阶段，有一点值得留意：参照最后设计呈现方案的要求进行修改完善，将会使图纸实用得多。在目前这个阶段，对线条类型、粗细和门开向体现等基本绘图元素做出选择，将会使后面的设计过程更为高效而省时。因为用电脑绘图和手绘不一样，电脑绘图的成果经常直接作为设计方案呈现的早期版本。

本章将会介绍使用不同绘图方法修改完善而成的粗略平面图。不管使用哪种绘图方法，这个过程为我们提供了一个从全新视角审视粗略平面图的最佳时机，也是我们在整个设计过程中首次如此紧密关注设计方案细节，请善用这个时机。这个时候进行重大改动不切实际，但细微改动（与其说是修改，不如说是完善）是可以实现的，而且会很有成效。在不需要重新调整基本方案的前提下，利用这个有利节点来挖掘能够提升设计方案的细节。这个过程无异于文字材料从初稿到终稿的编辑润色过程。下面是这个阶段可能适用的修改完善细节。

- 添加一些家具，如茶几或落地灯。
- 将衣柜由推拉门改为双开门。
- 将分隔墙位置稍微移动几英寸，以便更好容纳家具或更方便使用。
- 对门的位置进行微调，以便更好出入，或者为拟设的标示系统腾出更合适的墙面空间。
- 增设壁龛来容纳嵌入式装置或者装饰元素。
- 扩充管槽，以便更好容纳管道系统。

如果没有时间限制，这个完善过程可以缓慢而系统地进行；即便时间较短，还是可以在一些微小却重要的细节上有所完善。如前文所述，在学习设计的过程中尽量避免时间紧迫、匆忙完图，这样才能从每个设计环节获得最大收益。我们推荐大家把这个完善过程纳入基本的空间设计方法范畴，将其视为自己今后从事空间设计必不可少的一个环节。

初步平面图

随着平面图的完善过程接近尾声，我们可以开始着手绘制初步平面图的最终呈现方案。这个阶段绘制的图表，通常是整个室内设计项目呈现方案的基础和核心。如果使用电脑绘图，对图纸进行预览很重要，这样才能保证线条粗细符合预期。如果使用手绘，有几点需要注意：先从图纸上部开始，然后依次往下，尽量避免在完成的部分进行作业、涂擦未干的墨迹或者标记线，这样才能保证线条清晰和图表整洁。有些设计师会感觉保持线条清晰、整洁很不容易；如果是这样，可以尝试使用吸墨粉*或者橡皮碎末混合物。此外，也可以使用比较廉价的描图纸盖住已经完成的部分，这样就可以避免在完成图表剩余部分时手或绘图工具不小心涂擦到其他部分。

绘图质量和技巧

我们有必要谈论一下绘图质量这个话题。空间设计的最终成果必然是平面图，设计方案的表述语言必然是图表，这就使设计方案与图表质量的关系密不可分。设计师所做的所有努力最终都要以一种通行于设计师、建筑师、工程师、承包商和其他建筑行业人士的图表语言来表述。因此，设计师本身要精通这种图表语言。所以，请把书中提供的练习作为提升绘图技巧和设计技能的机会，加以善用。

较高的绘图质量才能呈现出可读性强的平面图，给课堂展示环节的评判者或者设计实践中所服务的客户留下积极印象。平面图其实就是建筑的水平截面（通常假定为高出地面4'-0"的水平截面），它应该呈现出去除屋顶部分后从上往下所应看到的清晰建筑格局。自始至终，我们都应该保证绘图线条规格的连贯性和绘制质量，对线条粗细的选择要能够恰到好处地体现各建筑和装饰元素的不同重要性。更具体地说，那些在平面图中被截面截断的建筑元素，比如墙和隔断等应该使用最粗和颜色最深的线条，主要家具和设备（如管道装置）应该使用中等粗细的线条，而相对次要的设计元素，如门开向、地毯、地板式样、木材纹理等则应使用最细的线条。随着时间积累，有经验的设计师将会逐渐掌握一套微妙的绘图技巧。图表的微妙在于，它不仅可以形象地说明复杂的问题，还可以避免文字语言表述的繁复和模糊。

如果使用铅笔绘图，我们可以使用软芯铅笔来绘制颜色最深的线条，使用中等硬度铅笔来绘制中等粗细的线条，使用硬芯铅笔来绘制最细的线条，我们使用铅笔的力度也会影响线条的粗细。所以，我们无法准确推荐应该使用哪种硬度的铅笔；除使用铅笔绘图力度的个体差异外，使用的绘图纸也是不确定的变量。但是，一般来讲，在质量较好的描图纸上使用常规铅笔绘图，F或者FB铅笔较适合绘制粗线，2H或3H铅笔较适合绘制中等粗细的线条，而4H或5H铅笔则较适合绘制细线。

---

* 一种化合物，通常使用布袋包装，将其轻轻涂在需要修改的图表部分会留下一层非常薄的类似橡皮的物质，绘图工具可以轻松流畅地划过这种物质进行修改，不会弄脏已经画好的线条。

使用油墨笔，最大的好处就是鲜明度和清晰度，缺点是线条缺乏不同的深浅色。线条规格只能由粗细体现。

一般不推荐混合使用铅笔和油墨笔，但也没有绝对禁止。相反，两者混合使用也可能很有成效，特别是初稿并不准备作为最终呈现方案的情形：由于最后会重新绘制终稿，所以在初稿上混合使用铅笔和油墨笔并没有多大问题。同样，虽然不推荐混合使用标尺绘图和徒手绘图，但两者合理结合也可以提高效率；通常使用标尺绘制建筑元素，徒手绘制装修、设备和其他图表注解，如材料标示等。绘图技术的日趋娴熟显然是一个相当漫长的过程，需要不断实践和操练。

关于使用图形模板的几点说明：在平面图中，一般绘制门开向、管道装置和家具时会使用图形模板。从时间成本上看，图形模板很有价值，对特殊形状的家具（特制椅子）、设备（卫生间或浴缸）或者重复的配置（礼堂座位）等尤为实用。尽管如此，我们还是要有选择地使用模板，尽可能多画设备图样。除保证设计方案的绘图质量和视觉连贯性外，绘制设备图样也能避免过于简单或形状不匹配的图形模板给人留下一种不专业的感觉，比如使用简单的矩形来代表沙发，或者用常规家具模板来代替特制的家具图样等，这些都难免有失专业水准。而且，床和大多数软垫家具都有柔和的圆角，简单的图形模板无法传达出这些信息。

所有和手绘平面图绘图质量有关的事项同样适用于用 CAD 绘制的图表。用电脑绘制时，线条粗细、线条灰度等许多图像元素都可以通过软件轻松控制。而对于图形模板来说，电脑绘图系统带有通用或者厂商提供的图库，图库中的图样多数都是比较准确的。此外，常规的 CAD 图表还可以通过手工绘图进一步提升和完善，或者还可以使用 Adobe Photoshop 和 Illustrator 等其他软件辅助成图。

图 7-1 和图 7-2（由图 6-11 的粗略平面图演变而来）是经过修改完善的初步平面图，代表初步设计过程完结阶段的极简形式。图 7-1 所示为使用 CAD 绘制而成的平面图，这样的成图效果当然也可以通过手绘轻松完成。而图 7-2 所示为徒手绘制，其中研讨室、办公椅、管道装置和门开向使用了图形模板。由于原稿是以 1/4"=1'-0" 的比例绘制的，这里的微缩版手绘图不是特别醒目。

当然，大家应该不断追求更精细的绘图技术。本书介绍的绘图方法是

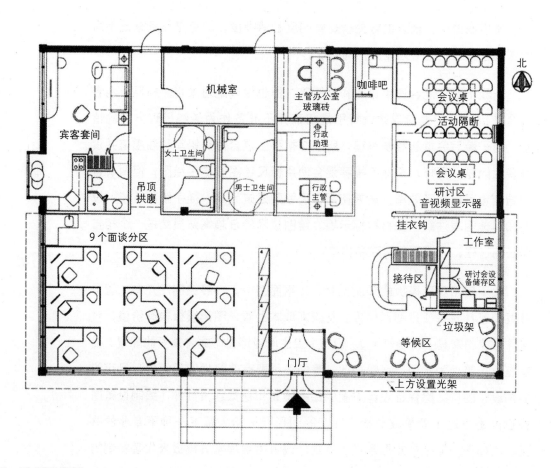

图 7-1　极简平面图，用 CAD 绘制

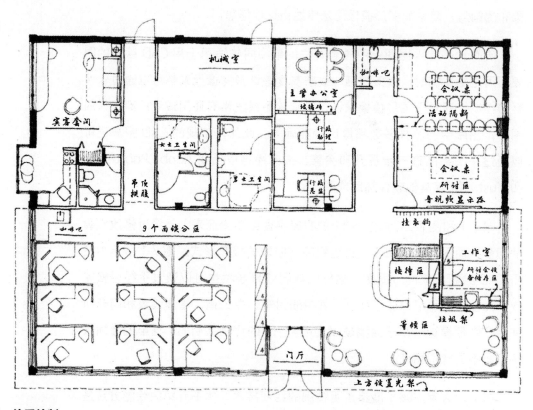

图 7-2　极简平面图，徒手绘制

比较具备交流性的，它们足以应对课堂展示和业内讨论等相对不太正式的场合。事实上，很多场合需要这种简要的设计图纸，尤其是像课堂展示或者设计团队碰头会议等，过于繁复的方案反而不适用。

关于图 7-1 和图 7-2 的一些细节说明。
- 每幅平面图只使用一种绘制方法。还有一种理想的组合方法，就是使用图 7-1 中工整的画法来绘制建筑元素，而使用图 7-2 中徒手绘制的方法来绘制装备和其他非建筑元素。
- 如前文所述，根据建筑和装备用途及其不同的重要性来选择相应粗细的线条。
- 根据图 6-11 粗略平面图的修改方案，此处也进行了以下相应的修改和完善。
  - 南面外墙和东西墙面的南端都增设了光架。
  - 邻接面谈区的位置增设了咖啡休闲区域。
  - 宾客套间东面走廊的天花板高度降为 7′-8″。
  - 接待前台的形状做了修改，以使周围交通更为方便。
  - 主管办公室南面墙壁改为玻璃砖墙。
  - 宾客套间和行政办公室增设了台灯。
- 研讨区的会议桌部分采用虚线表示，表明已根据不同的项目要求做出了相应的调整。
- 容纳研讨室家具和设备的储存空间设于工作间内。
- 房间名称以黑体下划线表示，以明确各空间功能。
- 使用小字体标示空间用途及其装备。有些设计师认为，在初步平面图阶段没有必要使用文字标示，因为它们破坏了呈现方案视觉效果的简洁性；也有设计师强烈建议添加文字注解，他们认为没有文字说明的平面图是不完整的。当然，设计师可以设定自己的准则或者根据不同项目情形确定是否添加注解。本书介绍的方法是推荐适度添加文字注解。

图 7-1 和图 7-2 的平面图虽已足够应对课堂展示和业内讨论需求，却远非最清晰、明确的图表形式。对其进行提升，使之更具描述性和可读性很有必要，这样才能让设计方案给审核者、评判者、客户和其他任何参与评价的人士留下更积极的印象，对你的专业技能给予肯定。经过完善和提

升，极简平面图依然适合课堂展示和业内讨论，其应用将变得更为广泛。补充这些设计元素并不费时，但它们为平面图的可读性和专业性带来的提升却不可估量，如图 7-3 和图 7-4 所示。以下是关于图 7-3 和图 7-4 中增加的设计元素的一些说明。

- 分隔墙由具备一定厚度、以深色填充的带状线条体现。在电脑绘图中（见图 7-3），带状填充可以轻易做到，而且有各种不同式样的填充可供选择，从各种不同的色调（包含全标度的灰度）到各种不同纹理和式样。全高分隔墙使用深黑色填充，而非全高分隔墙，如工作室周围的分隔板则不使用填充，以便区别于全高分隔墙，同时也表明工作室分隔板是可移动的，相对而言不具备永久性质。在手绘版（见图 7-4）中，分隔墙填充是使用铅笔完成的，硬度高的彩蜡笔更佳，使用黑色、灰色或者其他混合色调。（个别情形使用区别较大的颜色，甚至亮色填充，但在大多数情况下，亮色填充还是太容易让人分散注意力。）填充色可以涂在描图纸正面，也可涂在背面；如果图纸最后以黑色墨迹打印的形式呈现，那填充色及其应用就没

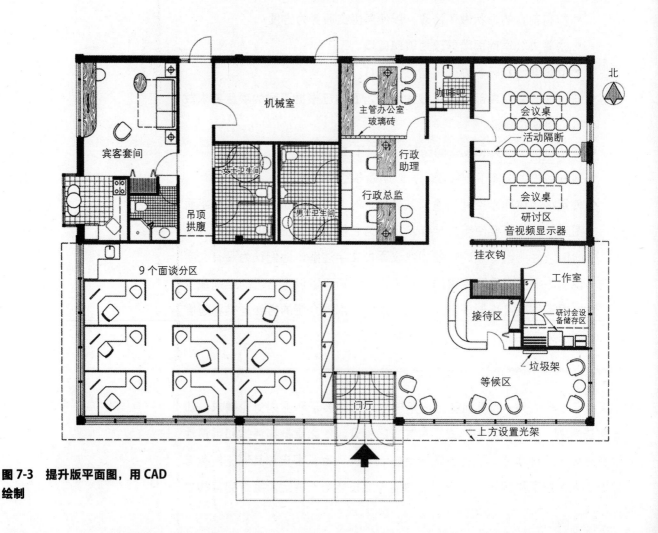

图 7-3　提升版平面图，用 CAD 绘制

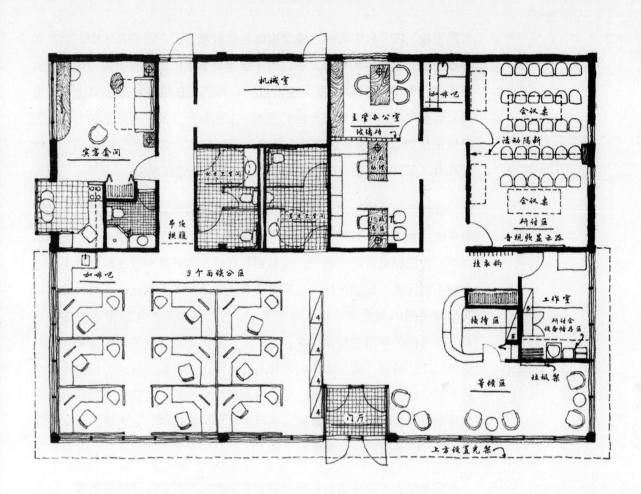

图 7-4 提升版平面图,徒手绘制

有太大影响。填充色的色调可深可浅,取决于填充时所用的力度;在大多数情况下,推荐使用中等色调。呈现方案中的填充色通常使用笔尖为宽面或横面的标记笔完成,请注意标记笔等湿润介质的痕迹是无法擦除的。

- 厨房、浴室和卫生间的地砖形式有所体现,因而图像效果更佳。在多数情况下,厨房适用 8″~12″ 网格,而浴室和卫生间适用 3″~6″ 网格。网格线应该使用颜色浅的线条。
- 嵌入式装置和常规家具的木材纹理也有所体现,以此和地面区分。使用颜色最浅的线条来绘制纹理。
- 添加字符注解来描述和表明方案的细节元素。如前文所述,可能有过度注解的情况,所以应该依据设计环境和背景来决定如何注解。比如,在课堂教学和设计办公室时,多数情况不会对初步设计图进行注解,图表往往只用于面对面解说,不是最终呈现方案,所以不需要向导师和客户提供细节的文字解说。

设计方案呈现的一个重要因素是,对方案再现方法和技巧的选择和应用。现在的电子技术应用非常广泛,而且发展迅速,使用多款软件设计的多彩图像、PPT 和生动的方案模拟体验都很常见。在过去几年中，虽然各种电子媒介工具得到迅猛发展，但手绘呈现方案仍然很有价值，而且更有吸引力。很多以 CAD 绘图为主的设计公司仍然在很多重要的初步设计方案呈现图中使用手工绘制，他们坚信手工绘制图表的"人性亲和力"比起机械呆板的 CAD 图表更能给客户留下积极印象。这种手工绘制的"人性亲和力"不仅适用于设计方案呈现图，也适用于透视草图。

最终呈现方案使用手绘是有原因的。原始稿件容易损坏，更实际的做法是使用复印件。我们通常需要不止一套呈现方案图表。所以，在原始稿件中，我们经常会略去细节、注解和色标等，这样就可以在复印件中添加各种不同元素，比如色标、工期表或者透视草图等。因此，不同的复印件可以有不同的侧重点。在手绘图表中，我们通常不在原始图表中使用色彩，而是把色标用在复印件中，特别是当我们需要体验不同色度和色调时更是如此。所以，设计师应该掌握各种不同的方案呈现技术，包括使用各种不同材质的纸张或者薄膜，从相对廉价的黑色线条呈现方式到昂贵的图像和电子呈现技术都应该掌握。在经费有限的情况下，我们更应该学习和尝试各种经济实用的方案呈现工具。

完善整合方案和绘制呈现图需要多长时间呢？这涉及诸多因素，比如项目规模、呈现方案的复杂程度、工期和设计师个人工作的不同方式。如第 6 章所述，在学习阶段赶时间匆忙完工是得不偿失的。如果可能的话，在这个空间设计过程的最后阶段，从容地完成工作。在现实工作中，有些设计专业学生和职业设计师经常会拖延设计方案和完工时间，我们对此不做评论。但是，现实的工期压力往往和这些自加的压力一样大；专家的专业意见迟到几天甚至几周，从而迫使工程匆忙完工，或者客户出于商业压力要求非常短的完工时间，诸如此类的情形不足为奇。因此，每个设计师都应该学会快速高效地工作，有时甚至需要以极快速度完成工作。但是，现在应留出充足时间学习如何完善平面图并合理呈现方案，以便熟练地掌握这些技能。

经历一些工期紧迫的设计情形很有意义，一天内完成空间设计草图是一种宝贵的学习经验。作为设计行业的入门许可和职业认证，美国国家室内设计资格证书 (NCIDQ) 考试已经成为绝大多数设计师的必经之路；这个考试空间设计部分的完成时间要求非常短，在参加实际考试之前，你可能需要经历很多模拟考试。

在此，我们应该对设计方案再一次进行评估。虽然它们的形式存在巨大差异，但不管课堂设计任务还是职业设计都应该进行评估。设计方案合理可行吗？在最终呈现方案完成时，你可能觉得最初的项目分析有点不切实际，此时再回顾设计标准矩形列表，以此最后进行自我评价意义是很重大的。作为设计师，你应该了解设计方案的不足，而不是等别人来指出问题。虽然有时很难接受批评，但应该学会从个人和班级评判中受益，因为我们往往能从其他同学的评价中学到更多。在多数情况下，学生实践项目在完成初步设计的最终呈现方案后就完成了。而职业设计不同，因为在现实设计中还要进一步完成设计开发和施工图纸，所以呈现给客户的最终方案和课堂展示会很不一样。不管方案是呈现给个人、非专业群体（比如建筑委员会或者董事会）或者其他专业人士（比如设计师同行或设施管理员），设计方案都将被执行。在现实设计中，首次呈现的方案无须修改是很少见的，通常都要稍微进行修改，有时甚至要进行较大修改。和手绘图纸相比，CAD 的优势是修改容易得多。在职业设计中，用 CAD 绘制的初步方案通常成为后续施工方案的基础。接受正规设计课程教育后，我们通常都能学会如何与客户沟通合作，但也应当了解在真实的客户关系中职业设计师会面临怎样的情形，以及其对空间设计方案评估和修改的影响。

练习 7-1

　　在这个空间设计的最后阶段，使用第 6 章 1500 平方英尺设计方案和建筑外壳的 3 组平面图成果，对它们进行修改，呈现设计方案。如果可能的话，多进行几组这样的练习，让自己对这个规模的设计问题越来越熟悉，并且能够轻松上手。同时，应该结合个人或班级评判，这样才能不断利用建设性批评和建议来提高自己的技能。尝试完全用手绘，再尝试完全用 CAD 绘制平面图，最后混合使用手绘和 CAD 绘制平面图，或者将手绘平面图转换为 CAD 平面图。

练习 7-2

　　现在以第 1 章和第 2 章设计的设计标准矩形列表和气泡图为基础绘制 2500 平方英尺设计方案和建筑外壳平面图，将其作为模板，进一步进行练习。首先为每个设计方案和建筑外壳组合绘制粗略平面图，然后直接进入修改完善和呈现方案设计阶段。反复练习，直至熟练掌握这个空间设计的所有步骤。在这个过程中，尝试各种不同的绘图和呈现技巧，逐步培养建立自己的设计风格；同样，手绘和 CAD 绘制都应该尝试一下。开始 4000 平方英尺级别的练习之前要进行多少练习，这因人而异——熟练掌握 2500 平方英尺级别的设计练习是首要的衡量标准。批评和建议对于学习过程始终是宝贵的财富，所以每个练习都应该结合评判环节。

练习 7-3

最后，以第一组练习为基础，从草图画起，开始练习本书介绍的最难掌握的设计技能。但是，认为掌握了 4000 平方英尺级别的设计就能够驾驭任何项目是不切实际的。20000 平方英尺规模的设计项目可能增加很多复杂因素，这些因素对设计师的技能提出了更高要求。有专业设备或工作流程的特殊室内空间，需要设计师进一步进行调研，因为相关知识可能是本书练习无法涵盖的。此外，实际的空间特征和客户需求也可能提出新的挑战。然而，对于这些现实设计中可能出现的复杂因素，设计师只需相应进行调研，不需要再学习新的设计方法，本书练习提供的方法便可应对。

关于绘图和呈现技巧，最后总结几点。本书介绍的学习过程需要同学们在画板或计算机上花大量时间。如果你的方案呈现技巧还不尽如人意，就更应该利用这个机会提升自己的技能。当然，对设计技能的培养涉及个人能力问题。有些设计师在绘画和手工方面比较有天赋，而其他人可能要付出艰辛努力才能达到同等水平。同样，有些设计师在计算机方面有天赋，其他人达到同等水平可能相当困难。不管个人能力如何，专业呈现技能的培养通常需要花费大量时间，每个设计呈现细节都需要不断操练。

对绘图技巧的培养主要是一个模仿过程。不管什么时候，如果遇到自己欣赏的设计图纸，就应该尝试模仿其中的绘图技巧多练习几遍。这些绘图技巧可能包含一些非常规的平面图绘制技巧，包括图像处理、一系列图像处理软件或者方案再现技巧。通过模仿得到的成果可能有别于原始画稿，通常是原有绘图技巧和现学技巧的重新组合。每次重复这种模仿过程，你的绘图技能都会相应提高。想要绘制出高质量的平面图，应该时常参阅以下材料：室内设计月刊、室内设计和建筑类书籍，还有其他同事、设计师和建筑师的作品。作为初步平面图绘制技巧的一些补充示例,图 7-5(手绘)和图 7-6(CAD 绘制)展示了其他设计师的高质量的图纸。

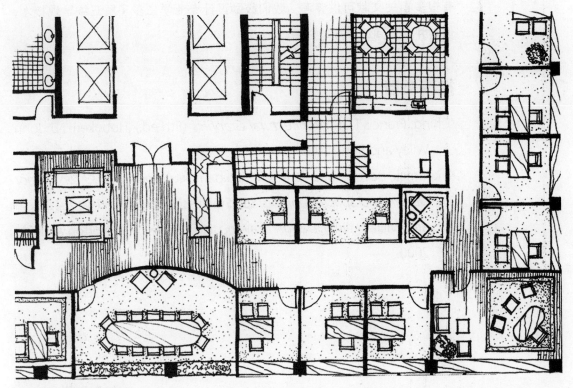

图 7-5 手绘补充技巧

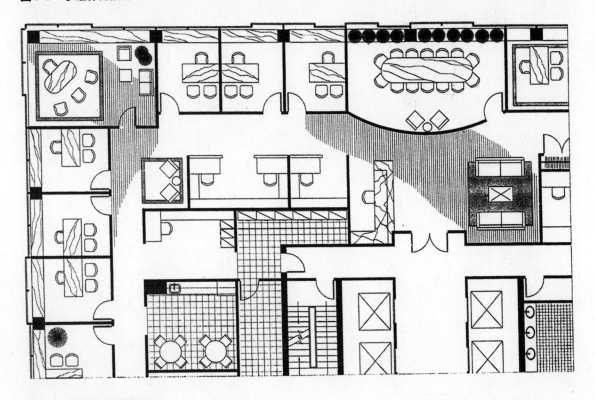

图 7-6 电脑绘制补充技巧

本章没有涉及三维模拟呈现技术（透视图呈现、生动的模拟体验等），不是因为这些技巧不重要，而是因为这些呈现技术是为销售服务的，并非设计工具。学习掌握三维模拟呈现技术是一个复杂而费时的过程，这方面有很多相关文献可供参考。我们鼓励设计专业学生多了解三维呈现技术，但其并非空间设计技能必需。

推荐书目

*Ching, Francis D. K. *Architectural Graphics* (5th ed.). Hoboken, NJ: John Wiley and Sons, 2009.

Kirkpatrick, Beverly, and James M. Kirkpatrick. *AutoCAD 2013 for Interior Design and Space Planning*. San Francisco: Peachpit Press, 2012.

Lockard, William Kirby. *Design Drawing*. New York: W. W. Norton and Co., 2000.

---

* 参考来源。

第 8 章

提升设计技能

从学习角度出发，4000 平方英尺级别的设计练习是非常实用的。更大规模的空间设计问题可能复杂得多，所需时间也长得多，但本书介绍的方法和技巧是最基本的，即便项目规模扩大、要求复杂了，这些基本方法也是适用的。只要你掌握这些基本方法，再加上一些亲身实践，就足以提升设计技能，以便应对更大、更复杂的空间设计问题。本章将以之前的 4000 平方英尺设计方案和建筑外壳练习为基础，进一步介绍提升设计技能的方法，为读者指明方向。

基本情况介绍

在一般情况下，新建中高层商业建筑的平面面积为 15000～20000 平方英尺，以此为依照，我们就可以更直观合理地把握 4000 平方英尺规模的设计问题。常见的商业或专业公司通常要求员工的人均使用面积为 125～250 平方英尺；决定人均面积的因素包括员工数量、访客数量、设备所需空间和空间宽敞度等。之前章节的设计方案和建筑外壳练习是以通用空间功能为前提的，并未涉及特定的设备或建筑体系。

有些规模庞大、人员众多的设施，其空间功能反而不繁复，这样的情形也是经常出现的。与规模小而功能复杂的项目相比，这样的空间设计任务其实要简单省时得多。用户群体越庞大，空间设计任务就会越复杂，但设计问题的难易程度也并不完全取决于项目规模，项目要求复杂程度的影响有过之而无不及。

在通常情况下，较大空间的功能会相对繁复一些，而且空间功能之间的交互关系也相对复杂。如果员工和访客数量也很庞大，尤其当外部访客需要限定在特定区域时，项目的复杂程度就进一步增加。通常来说，设计师也必须考虑工作流程、特定功能和部门之间合理的空间邻接。随着计算机存储的普及，文件流通问题不再那么重要了。对于特定用户，大型永久性设备的设置问题和人员安排问题同等重要，设计师不仅要合理规划其所占空间，也要考虑其与机械和电力设施的合理邻接。

特定设施功能，比如电视制作场地、医疗设施或者各类科学实验室会对设计提出新的挑战，多数人对这些特定功能的细节并不了解。此外，这些设施通常需要使用特定设备。因此，这些功能和设备问题需要我们在项目开始之前和进行过程中进行一系列调研。最难的项目当属大型医院了，医院的设计涉及大量复杂、极有可能造成巨大挑战的空间设计问题：员工和访客数量庞大、员工和访客分流、多样的空间功能、特定功能需要特定空间邻接，以及大量大型设备需要与机械和电力设备合理邻接。因此，医院的设计通常要在专家顾问帮助下完成。医疗设施的设计需要至少一位专家顾问参与，而在多数情况下，是多位专家参与。第 4 章提及的寻求专家顾问帮助的内容同样适用于特殊功能建筑和设施的设计。超越主流设计，进行特定功能空间的设计使我们的职业生涯更加多姿多彩，富有挑战性。

掌握大型复杂项目的设计，只能通过真实的项目经验逐步累积而成。如前文所述，每个真实项目都可能有不寻常的地方，这些无法通过设计练习进行模拟。即便中等规模的项目设计，想要说明白设计师在设计过程中可能遇到的各种不同情形，都需要大量细节性的案例调查和篇幅很长的调查报告。现有建筑可能地面或者天花板构造不同寻常、门的细节很独特，或者暖通系统特别不灵活。此外，当地建筑和区划规范也可能给空间设计造成诸多限制。先不考虑设计师个人与客户的沟通问题或者由于客户不了解设计过程而造成的问题，每个客户的空间运用流程都存在多样性和独特性，光这一点就不容易掌控。最理想的状态是，设计项目规模和复杂程度能够逐步增加，为你提供循序渐进的学习机会。这样的话，你就能够逐步适应，并调整自己的设计方法和技巧，直到习得一套带有个人风格的设计方法，以此应对室内设计中的各种挑战和机遇。

项目中的子项目

如果面临需要安顿大量人员，并且提供众多空间功能的大型项目，项目初期面面俱到地考虑到每个人员和每项任务是不切实际的做法。"过于注重细节而忽略更加重要的部分"是老生常谈，却非常适用当前的情形。对于这样复杂的大型项目，首先将设计问题分解成可操控的任务是最重要的。

例如，某个高层办公建筑中的一个 23500 平方英尺的平层，需要设置 14 个部门，并安排 156 名人员，我们应该从部门设计开始着手，而不是具体办公室或者工作区。首先，我们应该为这 14 个部门绘制关系图和气泡图，就像在较小项目中为具体房间绘制关系图和气泡图一样。我们甚至应该为每个部门的设计需求和相互关系绘制设计标准矩形列表，以此作为补充分析工具。具体房间与空间的邻接、建筑面积要求、流通空间、工作流程、隐私和声效等问题同样适用于部门设计。图 8-1 所示为部门空间分配关系图和气泡图。这类图表近似于分区图，为每个功能部门划出了特定的空间区域。而这种有意识的"分区概念"是进行大型项目设计的第一步，其意义重大。

集团项目通常会包含同一建筑中的几个楼层。对这种情形，我们通常会绘制竖向气泡图来表明各楼层的功能和部门设置，这种图被称为"叠加图"，如图 8-2 所示。多层设施和集团规模大小没有直接关联，很多相对较小的机构将公办地点设在传统的连排房屋或者较老旧的多层小型商业建筑中。在着手每个楼层的设计之前，应该确定好每个楼层将要实现的功能。叠加图有时会有误导作用，因为其中代表不同功能的气泡并未与实际空间大小成比例，我们仍旧需要为每个楼层绘制传统的气泡图，以便反映真实的空间比例。为弥补这个不足，叠加图应该在每个气泡上标明建筑面积。

在通常情况下，每个大型空间设计项目都很独特，尽管偶尔会有些相似，但不可能找到两个完全一样的项目。随着项目规模和复杂程度增加，通常需要调整设计方法或者使用新的方法来解决问题。请记住，在大多数情况下，把复杂问题分解成较小的可以操控的问题是很有帮助的。这个分解过程也可以看作把大项目分解成多个子项目。最后，我们还要考虑到每

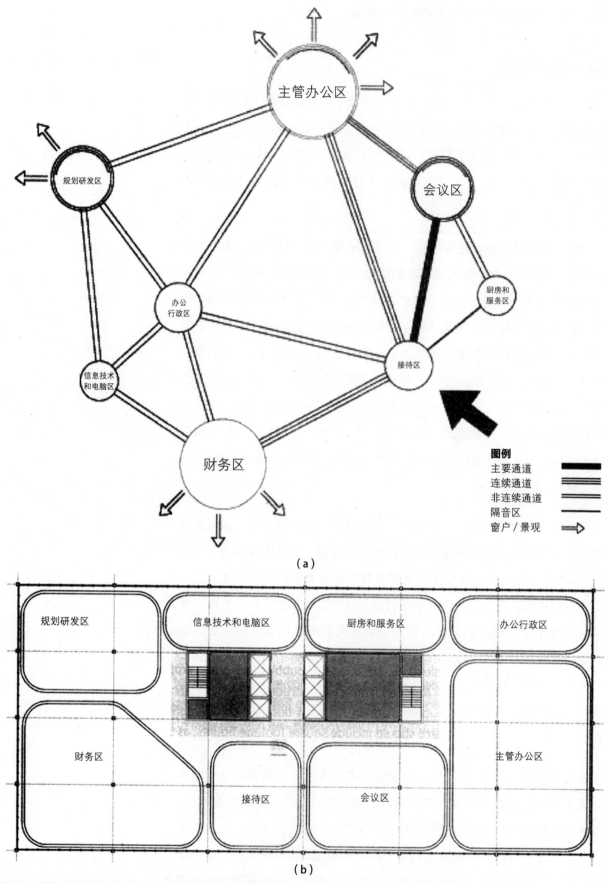

图 8-1 部门空间分配图：(a) 关系图；(b) 气泡图

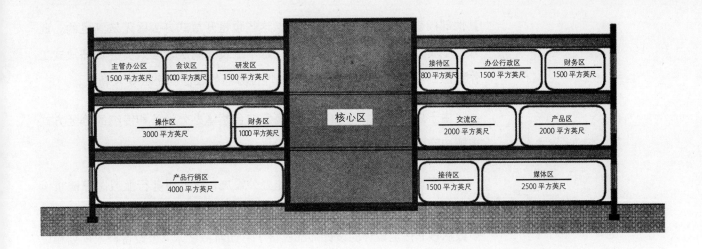

图 8-2 叠加图

个具体房间和每项具体任务。但是,先从分析部门和区域关系开始着手,总是很有帮助的。

开放式整体办公设备

大型商业或机构办公设施会使用整体办公设备,这种设备整合了分隔板、工作台面、储存空间和电线槽,它们可以整合到不同配置中,以满足绝大多数办公室功能和用途。由于本书介绍的是较小规模的空间设计问题,涉及整体办公设备的部分比较少。

在只有2～3个工作区的小型办公场所,我们也会使用整体办公设备,但其更主要的作用在于明确较大型工作场所(多个工作区)中的办公区域。除解决空间组织问题外,整体办公设备还解决了当今电子化办公室中复杂的电线设置问题,为用户提供了更多的灵活性。这种灵活性体现在,我们无须像过去那样拆除和重建分隔板,从而降低了因功能需求改变而重置工作区的成本。支持使用整体办公设备的人士还指出,除以上实用功能外,开放式的整体办公设备还能促进员工间的互动交流,从而带来人文方面的收益。

然而,开放式整体办公设备在以下三个方面存在不足。

1. 噪声控制和隐私。
2. 文件安全和保密。
3. 无法像私人办公室一样体现出高层人员的地位和威望。

很明显,开放式办公区无法满足律师办公室、诊疗室或者高管会议室等的声效隐私要求。财务部门、员工资料管理部门、研究开发部门和很多其他部门都需要保密性和安全性，这些也是开放式办公区无法满足的。此外，不管分配的工作空间有多大，基本上没有高层管理人员会对开放式工作区感到满意，其在隐私、形象和地位方面的表征都无法令人满意。

由于以上原因，多数办公设施会结合整体办公设备和传统的分区方式来解决空间设计需求。

很多设计师专注某些特定的非办公设施，比如服务行业或医疗健康设施。因此，了解整体办公设备的设计，对他们来说并不是那么迫切。但是，多数从事非住宅设计的设计师都应该了解如何将整体办公设备融入规划和设计中。这个过程其实更近似空间设计过程，而不是家具设计或设置过程。

最理想的状态是，有机会在设计生涯中从相对较小的空间或工作区开始，逐步过渡到大型的办公设施设计，包括一些非办公设施，如非正式的会议区（较拥挤的空间）或者文件和储存空间。厂家生产的整体办公设备种类非常多，学会将它们融入设计并不是一件容易的事。虽然它们之间有很多相似，但每个系统都有其独特的模块、面板连接方式和适用潜能，想要总结出一套固定不变的设计方法是比较困难的。

在不了解整体设备具体详细的尺寸、细节和配置要求等各项数据的情况下，完成整体设备系统设计方案是不可能的。在经历过几次整体系统设计后，你将可以在不设定特定整体设备情况下对项目进行大致的空间设计。即便如此，最终的空间设计方案还是要等到确定具体的设备系统后才能敲定。所以，很明显，在你能够轻松、自信、准确地驾驭整体设备系统的各项元素、完成较理想的设计方案之前，可能需要多次整体设备设计经历，需要细节性的调查和研究。

整体设备生产商十分欢迎设计师了解他们的产品。许多厂商提供设计手册或者组织研讨会来介绍他们的设备系统使用方法，以此鼓励设计师学习使用他们的产品。这些学习工具对经验较浅的设计师很有帮助。此外，多数厂商提供便利的 CAD 图库（光盘或者在线资源），以方便设计师完成相关设计。厂商或厂商代表也可以为我们提供大量有价值的设计信息。

租赁型办公楼设计

办公楼规划设计是很多设计师职业生涯的主要组成部分。很大一部分办公楼都是由开发商建造的，许多租户承租，有的是郊区的办公园区，有的是城区的高楼大厦。虽然这类建筑设计是设计师职业生涯的主要内容，但本书和相应设计练习并未大量涉及这类室内设计，原因和我们未大篇幅介绍整体办公设备一样，是因为其规模，因为本书重点是较小规模的空间设计问题。然而，想专注办公楼室内设计的设计师应该充分了解租赁型办公楼的设计方法，对其大致的方案设置和建造细节，包括暖通系统和管道系统都应该透彻了解。

有些建筑的设计和建造没有考虑为未来的功能变化预留太多空间。旅馆、医院和机构建筑都属于这类功能比较固定的建筑，还有一些特定商业用途建筑也是如此。这类建筑如果要改变室内用途基本上空间很受限，因为很多元素相对固定，调整或重置费用较高。

租赁型办公楼不同于固定用途办公楼。以经济性建造为前提，租赁型办公楼的设计充分考虑了空间功能的灵活性和适应性，力争在未来许多年内依旧能够满足不同的空间功能和租户不同的需求。

因此，租赁型办公楼在天花板、外墙和窗户构造、照明、电线分布和暖通系统方面都会使用标准模块化系统。（有一项例外是钢龙骨和石膏干作业分隔墙的大量使用，因为这些材料价格相对低廉，而且易于拆除。）此类租赁型办公楼设计是所有想从事办公楼规划设计人士的必修课。此外，设计师还应该熟知相应疏散和区划等建筑规范要求，以及建筑开发商和租赁代理们制定的租赁政策。

租赁型办公楼的设计通常分为两个阶段。第一阶段制定大概的空间规划并向租户确认其可行性，继而与租户签订租约。这个阶段我们称为"租户规划"。第二阶段进一步完善之前的方案，并最终敲定细节。有些设计公司和室内设计部门擅长第一阶段设计，也就是初步的空间设计，这些公司或部门通常是实习生学习空间设计职业技能的绝佳场所。

未来规划

不管规模大小，空间设计问题中的未来规划都很重要。到目前为止，我们还没有涉及这个话题，因为未来规划受到很多条件和未知因素的影响，很难以本书具体预设项目练习的方式呈现。最佳做法是在数据收集和分析的第一阶段，就将未来规划作为基本设计元素纳入设计标准矩形列表

（见图 1-10）和其他预设计项目文件中，比如关系图。

尽管未来规划很重要，但很多客户很难说明未来规划，有的甚至拒绝具体谈论未来规划。这可以理解，因为没有人能够明确未来会发生什么；还有一个重要原因就是，未来规划通常会涉及财务承诺，有些客户不便透露财务方面的重要信息。

如果客户能够说明、量化、定位并提供未来规划的时间表（租用额外的楼层空间，为未来扩张留出空间……），那么空间设计问题通常不会太困难。然而，大多数客户往往太专注当前的问题，不太在意去解决未来的空间规划问题。

尽管对说明不可预知的规划可能感到不适，但设计师如果足够坚定，并强烈要求客户说明未来的组织发展方向，很多客户都能从中受益。即便关于未来规划的项目信息相当模糊，对未来空间功能需求将如何增长或变化有大致了解，也能帮助我们以有利于重新规划的方式来完成眼前的功能单元设置。除以上空间设计事项外，许多设计师也相信用心做好未来规划有助于维持和客户间持久的合作关系。

未来规划对大型客户群体来说非常重要，而且困难，对小型客户群体也是如此。对于相对新型的组织机构来说，不管规模大小，未来规划都比较困难。在通常情况下，对这类问题并没有普遍适用的解决方案，因为难在经济方面的决策，而非空间设计问题。真实的项目经历也是最佳的学习模式；在积累一定的与客户沟通、规划未来的经验后，设计师往往能够在未来规划决策方面为客户提供宝贵的参考意见。

设计新建筑

设计新建筑的过程近似于对现有建筑重新进行室内设计。尽管存在相似性，新建筑的设计过程包含一些室内空间设计未涉及的复杂因素。不用详细列出和每个因素有关的大量细节，仅建筑地点、建筑外部样式和形象、建筑结构和环境控制系统的设置等因素就需要大量普通室内设计中未涉及的专业知识。

建筑师和室内设计师通常接受不同的专业训练和实践，原因有很多，其中包括建筑师工作的规模和复杂程度。建筑设计和室内设计通常不会同时进行，也很少完全结合在一起。建筑公司负责建筑设计过程，室内设计师较晚参与设计过程，其室内设计方面的专业知识未能被整合到建筑设计的整个过程中，而是被置于相对次要的地位。然而，如果室内设计师的专业知识能被整合到整个建筑设计过程中，建筑设计在空间功能方面可能会高效得多。

优秀的室内设计方案必须注重项目设计和实际设计过程中的每个细节。建筑设计任务如今越来越复杂，而无法全程参与室内设计过程的建筑师也不大可能有时间去培养专业的室内空间设计技能。同样，绝大多数室内设计师也不可能具备建筑方面的专业知识和资质。不管在思想上，还是在实践中，近来都出现了建筑和室内设计这两个相互依赖专业的有效融合。这种有效融合要求建筑师了解更多关于室内规划、室内体系，以及家具和室内材料的知识，同样要求室内设计师了解更多关于建筑地点、结构和环境控制的系统知识。很明显，这种更全面融合的设计理念将会创造出更佳的建筑环境。

跨学科联合的设计理念并不局限于建筑师和室内设计师的联合。很多设计从业人员对环境问题都有广泛关注（比如，如何善用地球自然资源），同时也关注影响日常生活质量的细节问题。要有效整合这些因素需要敏锐的全球观，乐于参与多学科联合设计。这种多学科联合设计理念，将为我们创造出可持续性更强的建筑环境。

图 8-3 的专家联合示意图不仅反映了多学科联合的综合设计过程，也

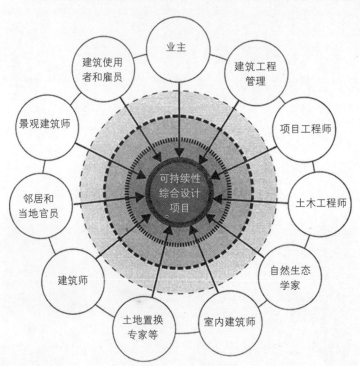

图 8-3　专家联合示意图

反映了不同学科早期介入的重要性。专家联合(charrette)这个词源自法语，设计师用它来表达获得最佳设计成果的强烈意愿。除建筑师和室内设计师联合外，业主、工程师、建筑商和其他学科的专家都是使联合设计过程成功的关键因素。

结语

　　成为合格的室内设计师是一项有挑战性的事业，虽然要投入大量时间，但努力的成果也很丰硕。经过这番努力，你能够在室内设计项目中独当一面，同时也掌握组织、分析和综合等解决问题的基本技能。这些技能不仅适用于设计职业生涯，同样适用于这个瞬息万变的社会，它们将成为陪伴你终生的有效工具。

第 9 章

楼梯设计基础

设计楼梯不是一件容易的事情，仅阅读参考资料远远不够。许多有经验的设计师都是在导师指导下完成学习的，导师能够帮助学生评判设计、指出错误，这些在学习楼梯设计的过程中都是必要的。本章将帮助经验较浅的读者完成楼梯的初步设计。

楼梯的首要目的是帮助行人从一个楼层通往另一个楼层。设计任务有时比较简单，有时相当复杂，视不同建筑背景而定。如果楼层多于两层，楼梯设计难度就会增加很多，而"巨型"或"特殊造型"楼梯，或者为复杂的、形状不规则的建筑设计楼梯，任务就更难了。对很多人来说，每天都要使用楼梯。在多数情况下，人们习以为常，不会特别留意。然而，如果楼梯设计不合理，楼梯使用者的体验可能很糟糕，甚至会有危险。相反，出色的楼梯设计可以为使用者带来愉悦的体验。

阅读本章时请留意以下三点。

1. 为现有建筑设计楼梯和为尚处于规划设计阶段的新建筑设计楼梯，两者之间存在一些差别。本章对两者均有阐述。

2. 了解与残障人士相关的建筑规范和标准是设计出实用可行楼梯的关键。

3. 楼梯相关术语有时会造成设计和建造方面的混淆和误解。因此，附录 A 列出了楼梯相关术语。

以上资料不仅可供阅读，也可以用于完成配套网站提供的设计练习。此外，还有很多知识和设计灵感有待读者挖掘。随着楼梯设计技能的增长，你会逐渐了解不同楼梯设计中的细微差别和微妙之处，当偶然看到设计精良的楼梯时你也会感到十分惊喜。

楼梯的功能、作用和历史

除能使人们从一个楼层通往另一个楼层外，楼梯还有许多不同的功能。简单来讲，它主要有以下方面要讲的功能。

倾斜地形

从轻微斜坡到陡峭地形，随着坡度增加，对楼梯和斜坡的使用成为必然。如图 9-1 所示，随着花园坡度增加，设计师使用了梯级高度较小的台阶。图 9-2 中的蜿蜒小路混合使用了斜坡、梯间斜坡和台阶。坡度不同的倾斜地形可能需要我们从不同楼层进入建筑，而建筑内的不同楼层则需要内部楼梯来连接，如图 9-3 所示。建筑也可以充分利用独特的倾斜地形的优势，如图 9-4 所示。

图 9-1 梯级高度较小的花园台阶

图 9-2 混合使用斜坡和台阶的花园小路

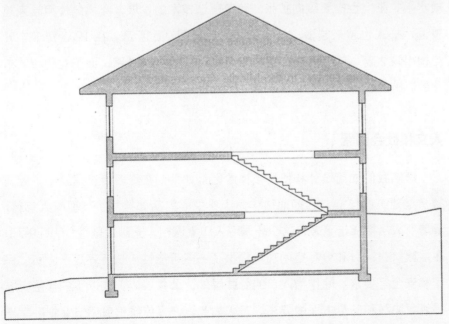

图 9-3 适应倾斜地形的设计

图例 9-4 充分利用倾斜地形的罗马时代竞技场

文化因素

几个世纪前,梯子和楼梯主要被当作防御设施,它们可将通路限制为单行道,人们用其来阻碍进攻的侵略者,如图 9-5 所示。中世纪城市中心的加速发展使大型公共建筑的出现成为必然,而空间局限性使建筑不仅需要水平扩张,也需要纵向扩张。随着建造技术的发展,楼梯的使用越来越普遍,样式也越来越多、越来越复杂,如图 9-6 所示。在 19 世纪下半叶电梯出现之前,楼梯一直是多层建筑中唯一的纵向通路,而工业化和城市化的影响加速了大型高层建筑的出现。

人文和社会因素

影响我们如何设计和使用楼梯的因素如下:在许多传统建筑中,巨型楼梯是建筑的核心,它们通往作为庆典中心的高处楼层;下面有人等待,看着有人从楼梯走下来,这个场景令人印象深刻,充满戏剧性(见图 9-7)。多层建筑为区分和分离空间功能提供了更多可能性,从而满足了隐私、保密和安全等要求。除作为入口的公共层外,公共层以上或以下的楼层更容易满足隐私和安全方面的要求。正因如此,许多传统家庭建筑会把卧室安

图 9-5 美国西南部印第安人聚居点的梯子通道

排在第二层或第三层,这为睡眠和个人活动提供了和公共空间具有一定间隔的私人活动区。

除实用和社会人文因素外,人类对楼梯的使用还有一个共有的愿望,便是表明处于强势或控制地位。人们对阁楼生活的向往就是这种权力欲望的体现(见图 9-8)。

图 9-6 布卢瓦城堡著名的 16 世纪螺旋楼梯

审美因素

审美因素是建筑楼梯中不容忽视的因素。即便最简单的楼梯,它在室内空间中也是动态的视觉元素。楼梯不同于传统垂直建筑元素,其尖锐的、有角度的平面效果成为室内空间独特的存在。除常规楼梯外,还有不少独特楼梯,如急剧盘绕的楼梯(见图 9-9)、细节特别繁复的楼梯(见图 9-10)和结构独特的楼梯(见图 9-11)。对设计师来说,楼梯为他们提供了展示建筑审美风格和用途的机会。

楼梯设计基础 | 141

图 9-7　巴黎歌剧院著名的 19 世纪晚期巨型楼梯

图 9-8　通往现代阁楼的楼梯

图 9-9 巴黎卢浮宫——20 世纪新建部分（建筑师贝聿铭）

图 9-10 纽约肯尼迪机场 TWA 航站楼（建筑师埃罗·沙利宁）

图 9-11 德国慕尼黑 KPMS 大楼庭院楼梯

关于楼梯的历史

对设计师来说，了解建筑及其内部构造的历史是很重要的。我们在此处做相对简要的说明，无法涵盖楼梯和楼梯设计的历史。关于楼梯的历史，请读者参阅本章末"推荐书目"列出的介绍楼梯历史的优秀书籍。纯粹从视觉角度出发，楼梯设计的发展脉络可以从图 9-12～图 9-14 的照片中略见一斑：从早期文明常见的粗凿石砌楼梯到今天用高科技建造的精致繁复的楼梯。

尽管现代多层建筑普遍使用电梯和扶梯，传统楼梯仍是建筑中的基本元素，它们是小型较低建筑主要的纵向通路，也是所有多层建筑的紧急疏散通道。此外，楼梯是很多建筑的重要装饰元素，不管大型建筑还是小型建筑。

图 9-12　早期粗凿石砌楼梯

楼梯上的人类行为

　　了解人们在楼梯上的行为能够帮助我们深入理解楼梯设计的微妙之处。然而,令人意外的是,对于楼梯上人类行为的研究很少。对楼梯的研究主要集中在两个方面:人们走过楼梯的路径方式和人们对于楼梯和周边环境的反应。很多研究都是在嘈杂环境中进行的,比如地铁站和交通枢纽站通道。而

图 9-13 古罗马时代摩洛哥废墟

这些环境并非常见的楼梯设计情形,自然也不是楼梯设计考虑的基本问题。如果遇到此类复杂的楼梯设计任务,你可能需要参考相关的调研数据。

关于楼梯上的人类行为,主要有以下两条基本规律。

1. 不管性别、年龄和种族如何,楼梯上的人类行为是一贯的、可预期的。

图 9-14 巴黎现代艺术馆（蓬皮杜）外部扶梯（建筑师伦佐·皮亚诺）

2. 在北美国家，不管上楼或下楼，人们会走在楼梯右侧。另一种情形是，有人想要超越前面行走缓慢的人，或者楼梯右侧没有扶手。

除以上提到的两条规律外，我们还应该注意：虽然行人一般走在楼梯右侧，但如果行走速度很慢，或者有赶时间的行人，当可能产生肢体碰撞时，很多人都会扭转身体闪躲或者快速转身以避免碰撞或者更糟的事故。

最简单的楼梯样式，如基本的直形楼梯最不易产生肢体冲撞，造成不适或者事故。随着楼梯复杂度增加，肢体碰撞的概率也会随之增加。U形楼梯比直形楼梯产生碰撞的概率要高，而"之"字形或更复杂的楼梯则比U形楼梯更容易造成冲撞。弧形和螺旋形楼梯最容易产生肢体碰撞。尽管如此，在建筑规范要求方面，它们并没有被指出有什么特别问题。

扶手会影响人们使用楼梯的方式。很多人在走楼梯时或多或少都会使用扶手，特别是刚开始下楼梯的几步，人们一般会扶住扶手。经常见到的一种情况是，楼梯一侧靠墙，这一侧就没有扶手，而另一侧是开放的，所以设了扶手。如果下楼梯时，扶手刚好在左侧，多数人会打破常规走在楼梯左侧，以便使用扶手。

总的来讲，了解人们如何使用楼梯，有助于更好地设计楼梯。为使用者提供良好体验是设计师的首要职责，设计师在设计楼梯时应该深思熟虑，本着为楼梯使用者服务的态度认真负责。

楼梯摔落事故

使用楼梯并非没有风险，楼梯事故的后果可能很严重。关于楼梯事故有大量统计数据，但对楼梯设计师有用的数据比较有限。美国最近的统计数据显示，每年有 1.2 万人死于楼梯摔落事件，而因楼梯事故行动受限至少一天或者不得不接受治疗的人数每年超过 1200 万。楼梯事故每年导致 100 万例以上需要紧急治疗的事件，其中超过 5 万例需要住院治疗。从经济角度看，美国工作场所中的楼梯事故是工伤索赔损失和工作时间损失的重要原因之一。

还有一些和楼梯事故有关的事项值得注意。

- 人们抬脚的高度是和楼梯台阶高度成比例的，台阶越高绊倒的可能性越大。
- 使用者的行为，如匆忙上下楼梯、奔跑、步态过于缓慢、携带物品或者没有留神都是导致楼梯事故的主要原因。
- 楼梯设计和建造因素，比如单一台阶、狭窄踏板、尺寸不规范、照明不足、没有扶手或者踏板材料不防滑都是造成事故的重要原因。
- 年龄也是一个重要因素。老年人最容易发生楼梯事故，死于楼梯摔落事件的人有 75% 年龄超过 65 岁；而发生在家中的楼梯事故死亡事件，65 岁以上人群占了 84%。
- 冰、雪和水造成的室外楼梯摔伤事件比例尤其高，气候寒冷的情况更是如此。

楼梯设计质量

楼梯设计可以很精美，充满新奇和挑战，甚至可以是出自设计师灵感的独特设计。"推荐书目"中有些是关于楼梯的整体图像资料，其中也有一些描述了楼梯建造的图像细节。楼梯审美关注建造细节，同样关注楼梯整体形式。如果可能的话，在你感觉设计特别好的楼梯上来回走几次，亲身感受其舒适度和触感，同时应该留意建造材料和建造方式。此外，广泛参考已经出版的优秀楼梯设计方案来激发自己的设计灵感。

楼梯建造法规、尺寸和配置

建筑法规很大程度上规定了楼梯的尺寸要求。此外，《美国残疾人法案》也对楼梯尺寸做出了一些规定。我们这里不再重复"疏散方式"章节中介绍的国际建筑规范关于楼梯的细节要求，而是重点介绍关键的法规，下一节（"楼梯设计案例研究——第一阶段"）将重点介绍如何把这些细节要求运用到案例研究中。

台阶竖板与踏板关系

完美的台阶竖板与踏板关系并不存在。国际建筑规范对住宅和其他类型建筑的楼梯尺寸最大值、最小值做出了一般性规定，如图 9-15 所示。

非住宅楼梯最大值、最小值规范

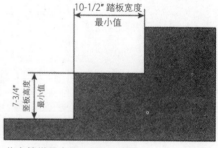
住宅楼梯最大值、最小值规范

图 9-15　楼梯台阶竖板与踏板尺寸最大值和最小值

安全性和舒适度是楼梯设计中很重要的问题。假设已经满足了合理的台阶竖板与踏板比例要求，那么竖板越矮，安全性和舒适度就越高。很多出版文献中提供了台阶竖板与踏板尺寸参考值表格，这些表格彼此之间差别不大。表 9-1A ～表 9-1D 所示为台阶竖板与踏板关系表格。

运用这些楼梯设计经验法则时，请注意：两级竖板（R）高度加上一层踏板（T）长度等于 25 英寸（2R+T=25）。如果竖板高度介于 5¾ 和 8½ 之间，那么 2R+T 结果应介于 25 和 25½ 之间。虽然规范没有指明最小竖板高度，但低于 5 英寸的台阶竖板在多数室内空间是不切实际的，过低的竖板会导致楼梯长度过长。

设计楼梯竖板与踏板尺寸时还有以下几点需要注意。

表 9-1A ～表 9-1D 台阶竖板与踏板关系

表 9-1A 台阶竖板与踏板关系

竖板（R）	踏板（T）	2R+T
5"	16"	26
5¼"	15½"	26
5½"	14¾"	25¾
5¾"	14"	25½
6"	13½"	25½
6¼"	13"	25½
6½"	12"	25
6¾"	11½"	25
7"	11"	25
7¼"	10½"	25
7½"	10"	25
7¾"	9½"	25
8"	9"	25
8¼"	8½"	25
8½"	8½"	25¼
8¾"	8⅛"	25⅝
9"	8"	26

表 9-1B 6½英寸竖板表格

台阶竖板与踏板数量	6½" 竖板		12" 踏板	
1	6½"	6½"	12"	1'-0"
2	13"	1'-1"	24"	2'-0"
3	19½"	1'-7½"	36"	3'-0"
4	26"	2'-2"	48"	4'-0"
5	32½"	2'-8½"	60"	5'-0"
6	39"	3'-3"	72"	6'-0"
7	45½"	3'-9½"	84"	7'-0"
8	52"	4'-4"	96"	8'-0"
9	58½"	4'-10½"	108"	9'-0"
10	65"	5'-5"	120"	10'-0"
11	71½"	5'-11½"	132"	11'-0"
12	78"	6'-6"	144"	12'-0"
13	84½"	7'-0½"	156"	13'-0"
14	91"	7'-7"	168"	14'-0"
15	97½"	8'-1½"	180"	15'-0"
16	104"	8'-8"	192"	16'-0"
17	110½"	9'-2½"	204"	17'-0"
18	117"	9'-9"	216"	18'-0"
19	123½"	10'-3½"	228"	19'-0"
20	130"	10'-10"	240"	20'-0"
21	36½"	11'-4½"	252"	21'-0"
22	143"	11'-11"	264"	22'-0"

表 9-1C 6英寸竖板表格

台阶竖板与踏板数量	6" 竖板		13½" 踏板	
1	6"	6"	13½"	1'-1½"
2	12"	1'-0"	27"	2'-3"
3	18"	1'-6"	4½"	3'-4½"
4	24"	2'-0"	54"	4'-6"
5	30"	2'-6"	67½"	5'-7½"
6	36"	3'-0"	81"	6'-9"
7	42"	3'-6"	94½"	7'-10½"
8	48"	4'-0"	108"	9'-0"
9	54"	4'-6"	121½"	10'-1½"
10	60"	5'-0"	135"	11'-3"
11	66"	5'-6"	148½"	12'-4½"
12	72"	6'-0"	162"	13'-6"
13	78"	6'-6"	175½"	17'-7½"
14	84"	7'-0"	189"	15'-9"
15	90"	7'-6"	202½"	16'-10½"
16	96"	8'-0"	216"	18'-0"
17	102"	8'-6"	229½"	19'-1½"
18	108"	9'-0"	243"	20'-3"
19	114"	9'-6"	256½"	21'-4½"
20	120"	10'-0"	270"	22'-6"
21	126"	10'-6"	283½"	23'-7½"
22	132"	11'-0"	297"	24'-9"
23	138"	11'-6"	310½"	25'-10½"
24	144"	12'-0"	324"	27'-0"

表 9-1D 7英寸竖板表格

台阶竖板与踏板数量	7" 竖板		11" 踏板	
1	7"	7"	11"	11"
2	14"	1'-2"	22"	1'-10"
3	21"	1'-9"	33"	2'-9"
4	28"	2'-4"	44"	3'-8"
5	35"	2'-11"	55"	4'-7"
6	42"	3'-6"	66"	5'-6"
7	49"	4'-1"	77"	6'-5"
8	56"	4'-8"	88"	7'-4"
9	63"	5'-3"	99"	8'-3"
10	70"	5'-10"	110"	9'-2"
11	77"	6'-5"	121"	10'-1"
12	84"	7'-0"	132"	11'-0"
13	91"	7'-7"	143"	11'-11"
14	98"	8'-2"	154"	12'-10"
15	105"	8'-9"	165"	13'-9"
16	112"	9'-4"	176"	14'-8"
17	119"	9'-11"	187"	15'-7"
18	126"	10'-6"	198"	16'-6"
19	133"	11'-1"	209"	17'-5"
20	140"	11'-8"	220"	18'-4"

注意：每张表格的数据都符合楼层间最大高度不超过12'-0"的要求。此外，这些表格可作为楼梯初步设计阶段的便捷参考，起到节省时间的作用。

- 对所有用户来说，较矮的台阶竖板相对比较安全和舒适；而在老年用户占绝大多数的建筑设施中，较矮竖板（5¾～6¼英寸）的使用更为重要了。
- 楼梯总长也是楼梯设计的一个关键因素。虽然较矮的竖板比较好，但竖板矮了，踏板宽度就要增加，这样会导致楼梯总长增加。如果空间允许的话，楼梯总长长一些也不会有问题。然而，如果空间有限的话，设计师就需要在不超过最大限值的前提下增加竖板高度，以保证楼梯总长满足有限空间的要求。

图 9-16 可以帮助读者更好地理解计算楼梯总长的重要性。在层高为 9'-10" 的非住宅建筑中，按照规范要求设计楼梯尺寸，一层楼梯会有 17 个 6.94" 的竖板（118"÷17=6.94"）、16 个 11" 的踏板，而楼梯总长为 176"（11×16）或 14'-8"。如果需要矮一点的竖板，比如 20 个竖板，那么每个竖板高度为 5.9"（118"÷20=5.9"），而踏板宽为 13¾"，则楼梯总长为 21'-9¼"（19×13¾）。如果空间有限，7'-1¼" 的总长差距便成为决定竖板与踏板尺寸的因素。

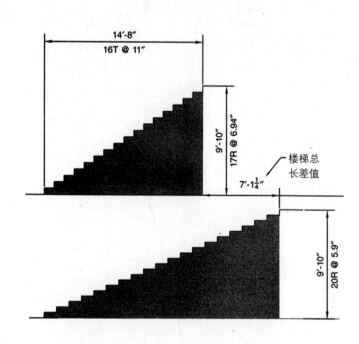

图 9-16 楼梯总长差距

- 建筑规范建议设计师在室内楼梯中使用带有踏板前缘的设计，因为踏板前缘可以增加踏板宽度，能够让用户每一步走得更稳。计算尺寸时，踏板前缘是不计算在内的，因而并不影响竖板与踏板尺寸，如图 9-17 所示。踏板前缘通常宽度为 1～1½ 英寸。

倾斜式台阶　　传统踏板前缘　　开放式竖板

图 9-17　踏板前缘类型

- 建筑规范允许设置单一台阶，但不管上下楼梯，单一台阶都不容易被察觉，存在绊倒或摔落的潜在危险。如果是低于 12 英寸的高度变化，建议使用一个小斜坡。实践证明，台阶通道的台阶数不应少于 3 个，如图 9-18 所示。

图 9-18　最少竖板数为 3 的台阶

- 不仅同一层楼梯高度应该保持一致，同一建筑不同楼层连续的楼梯都应该保持竖板高度的一致性。建筑规范允许同一段楼梯中不高于 3/8 英寸的竖板高度变化和踏板宽度变化，而 1/8 英寸的高度变化和 1/4 英寸的宽度变化用户就能觉察到，而这样微小的变化也可能是反复发生事故的原因。
- 通常使用小数而不是分数来表示台阶高度。但是，楼梯高度经常没有精确到小数，也不用常见的分数表示，比如 1/4 英寸或 1/8 英寸，在现有建筑中新建楼梯更是如此，楼梯高度通常取整数。然而，尽管数据没有精确到小数，在建造办公楼楼梯、商店楼梯或工厂楼梯时，有经验的楼梯建造师总能确保每层台阶的高度相等。踏板宽度在工效学上相对不那么容易把控，所以踏板宽度通常用常见的分数来微调。
- 弧形楼梯最不容易把控竖板高度和踏板宽度，因为每层竖板高度会随着踏板宽度改变而改变。确定弧形楼梯竖板高度的方法和普通楼梯一样。建筑规范关于弧形楼梯踏板宽度的规定比较详尽，我们会在案例研究 3 中详细介绍。
- 出口楼梯不允许使用螺旋形楼梯。在公共月台使用螺旋形楼梯常用的扇形踏板或三角形踏板是不安全的，扇形或三角形踏板只能用在私人的、不那么重要的或者不频繁使用的楼梯中。图 9-19 所示为螺旋形楼梯。螺旋形楼梯竖板最大高度为 9½ 英寸，而最小踏板横向

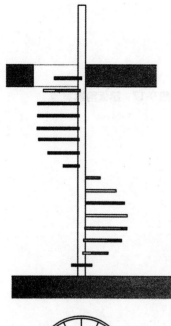

宽度，从中心点测量，应为 30 英寸。螺旋形楼梯竖板高度会随着踏板宽度改变而改变。

- 室外楼梯在竖板与踏板尺寸上也有特定要求。由于室外楼梯可能受到水、冰和雪等因素影响，加上人们在室外楼梯行走的步态也不同于室内，所以室外楼梯需要有不同的尺寸要求。

梯面宽度

住宅楼梯至少应该有 3'-0" 的横向宽度。虽然大多数房屋使用这个梯面宽度，但如果能增加 4～6 英寸的宽度，楼梯会体面得多。在豪华的大型场所中，梯面宽度一般会增加 4～5 英寸。

公共建筑中的楼梯至少应有 3'-8" 的梯面宽度，如果梯面宽度不够，当两个成年人在楼梯上遇到时空间会显得局促。同样，宽度增加 4～6 英寸可以让楼梯使用者的体验提升很多。当然，宽度更大的梯面，如 5'-0"，可以使双向通行游刃有余。在人流密度大的场所，如戏院、大会堂和教学楼中，通常需要梯面比较宽的楼梯；楼梯宽度的确定要以使用率为依据，按照建筑规范规定的占用标准来计算。梯面宽度少于 3'-8" 的楼梯在特定情形下（非出口楼梯）也是允许的。

梯面宽度超过 5 英尺： 如果楼梯使用率高，因而需要梯面宽度大于 5'-0" 的楼梯，那么除了楼梯两侧需要扶手外，楼梯中央也需要安装扶手。对很多用户来说，特别是体弱或年老的用户，能够随手轻易够到扶手才能使他们安心，因而梯面太宽而中央没有扶手的楼梯会让他们产生恐惧感。图 9-20 所示为关于中央扶手的建筑规范要求。楼梯的配置和形状跟梯面

图 9-19 螺旋楼梯

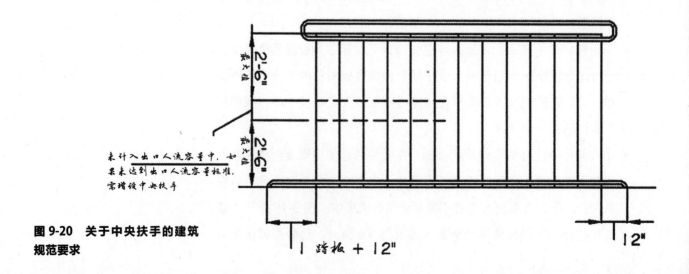

图 9-20 关于中央扶手的建筑规范要求

宽度没有直接关联。适用于直形楼梯的梯面宽度规则，包括建筑规范和人体反应等事项，同样适用于 L 形、U 形或者弧形楼梯。

净空高度

楼梯在任何一个点都应该有至少 80 英寸的净空高度，如图 9-21 所示。

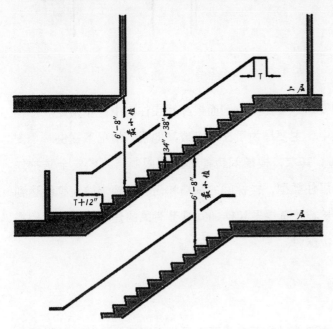

图 9-21 最小净空高度和扶手尺寸要求

扶手

楼梯两侧都需要安装扶手。扶手必须比台阶踏板前端高出 34～38 英寸。在楼梯顶端的台阶处，扶手必须再延伸 12 英寸，而在楼梯底端的台阶处扶手需再延伸的长度为 12 英寸加上一层踏板宽度。如果扶手没有延续到另一个楼层，那么扶手末端就应该连接墙壁或者地面。扶手延续到其他楼层，扶手末端就不需要延伸长度；或者在住宅楼梯中设有楼梯端柱或者岔道，也不需要延长扶手末端的长度。两侧扶手间的距离必须小于 30 英寸，小于 30 英寸的扶手间距才能计入有效出口容量中。所以，在实际建造中，如果楼梯宽度大于 60 英寸，就需要在楼梯中央加装扶手。（见图 9-20）

扶手必须能够手握，最小半径为 1¼ 英寸，也可以使用截面为非圆形的扶手。不管哪种形状的扶手，截面总周长应控制在 4～6 英寸。扶手离墙面的最小距离为 1½ 英寸，最大距离不超过 4½ 英寸。扶手材质一般使用木材、金属或者塑料。请注意，扶手的触觉体验很重要，应该避免尖锐的端柱，端柱半径不应小于 1/8 英寸。（见图 9-22）

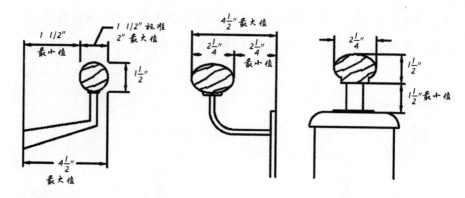

图 9-22 扶手类型

楼梯间

住宅型建筑不需要建造楼梯间,因而楼梯间在住宅中并不常见。楼梯间常见于非住宅建筑中,主要是为了在火灾或其他紧急情况下提供一个安全无油烟的出口通道。其次,楼梯间也能够起到限制出入的安全防护作用。根据建筑高度和居住类型,楼梯间的围墙和门一般要求防火等级达到1～2小时的隔火时长。还有很多和楼梯间细节有关的建筑规范,我们将在案例研究2中进一步探讨。

材质

建筑规范在楼梯建造选材方面有重要指导作用。这些规范涉及材料的可燃性、楼梯构造和围墙的防火性,以及楼梯踏板的摩擦系数。关于楼梯构造和装修选材的问题,我们将在下文进一步讨论。

照明

楼梯总有发生事故的可能性,所以设计合理的电力照明系统对楼梯24小时安全使用极其重要。虽然并不存在唯一的、最佳的楼梯照明设计方案,但有一点始终应该铭记,避免让台阶踏板前端处于阴影状态。通常来说,顶部照明效果最佳,可以最大限度减少阴影。上楼梯时,地面照明效果较好,但下楼时,地面照明会使踏板处于阴影状态。壁式照明如果设置在足够高、用户碰不到的高度,也可以达到较好的照明效果。此外,还有其他一些照明技术,如置于扶手下方或个别踏板上的线形光源。建筑规范要求在停电状态下,备用照明设施至少应提供1英尺烛光(1 footcandle)的亮度。

《美国残疾人法案》

美国残疾人法案对楼梯提出了特定标准。总体上讲,它们与建筑规范标准并无出入。由于严重残障人士在没有外界帮助下无法使用楼梯，还有在火灾或者其他紧急情况下常规电梯也无法使用，所以建筑的每一层都应该在楼梯中设有专门避难点，而且平均每200名居住者就应该配备一处避难点。通常来说，避难点会结合在疏散楼梯中，并根据居住人数决定需要提供多大的轮椅空间（每轮椅30″×48″）。每栋建筑的平面图会有所不同，常见的避难点规划如图9-23所示。

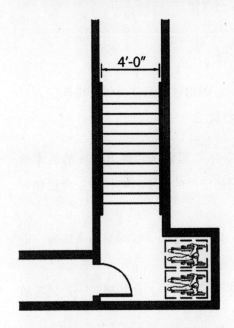

图 9-23　常见的避难点方案

除对避难点的要求外，在没有安装喷水灭火系统的建筑中楼梯扶手间的最小宽度应为48英寸。

其他相关建筑规范

还有两项和楼梯有关的规范，虽然不会影响建筑的安全性，但也应该考虑在内。虽然和楼梯设计没有直接联系，但这两项规范实为设计过程中的固有内容。

1. 在建筑底层至少应该有两条不同的疏散通道，可以从建筑内部通向外部。其目的在于，当其中一条通道被堵或者存在危险时，我们还可以使用第二条通道。当然，有些居住人数相对少的情况可以例外，但在公共空间中，在紧急情况下有两条疏散通道是所有设计师应该铭记的基本原则。在案例研究2中，我们将进一步详细介绍对这条规则的运用。

2. 建筑规范限制了通往疏散楼梯的行程距离。在疏散行程特别长的建筑里，必须有多于两个的疏散楼梯，原因不在于居住荷载，而在于疏散行程过长。在大多数建筑中，如果没有螺旋形楼梯系统，那疏散行程一般为200

英尺，而有螺旋形楼梯系统的一般在 250～300 英尺。这方面的建筑规范相对复杂，对规范中建筑数据的运用也应该结合实际情况，灵活调整。设计师应该始终铭记疏散行程方面的规范要求，适时参阅建筑规范条款。

有些和楼梯建造有关的细节规范，我们还未涉及，部分会在案例研究中探讨。不过，和楼梯设计相关的规范多而繁复，如果对这些细则不熟悉，就应该详细参阅居住荷载和疏散方式等相关的规范细节。

建造材料

用来建造楼梯踏板的材料多种多样。根据楼梯所在具体环境而定，以下列出的基本材料都可作为踏板表层材料。

- 木材——包含合成木材和竹料。木材可以作为建造楼梯的基本材料，也可作为饰面材料。木材表面使用的油漆对楼梯的安全性和耐久性至关重要。
- 混凝土——表面可以是平整的，也可以是刻有纹理的防滑饰面。混凝土踏板前端通常嵌入防滑条。
- 弹性砖或者薄片材料——性能特点因材而异，比如橡胶、乙烯基和乙烯基合成物。
- 瓷砖——亚光瓷砖或者带有纹理的防滑砖。
- 地毯——绒毛长度、构造硬度和纤维含量对楼梯安全性至关重要。
- 石材——表面可以是平整的（可能会滑），也可以是刻有纹理的。石材楼梯有的可以使用几百年。
- 水磨石——表面光滑或者带防滑纹理，可以在踏板前端嵌入防滑条。
- 玻璃——适当厚度的钢化玻璃，使用防滑饰面。
- 钢材——表面可以是平整的、带有纹理、图案或者排孔的，多数用于室外楼梯。
- 其他产品——比如，表层涂抹环氧树脂的材料，或者带有纹理饰面的合金材料。

选择踏板材料和饰面主要考虑三个方面的因素：①适合楼梯的建造环境和用途。②安全性。③日常维护和耐久性。在选择楼梯材料过程中，以上三个因素都应该考虑在内。当然，在抉择过程中不可避免会产生冲突，适当妥协在所难免。

楼梯建造环境和用途

设计楼梯首要考虑使用频率。普通住宅和人流量大的公共建筑（如高校或地铁入口），其楼梯设计就存在很大差别。室外楼梯除考虑空间问题外，还应该考虑踏板是否防潮，如食品行业或者各类科学实验设施，以及其他会造成重大安全隐患的问题。硬质台阶表面会使脚步声相对明显，而使用地毯就会好些。如果对声效要求比较高，台阶表面应该使用软质材料。特定功用楼梯（如消防楼梯）对外观要求不是很高，其他类型楼梯一般在审美上有较高要求，包括颜色、纹理和式样都应该考虑。不同楼梯建造环境会对材料和装饰选择提出不同要求。

安全性

由于楼梯存在使用者因滑倒、绊倒和摔落而造成严重事故的可能性，在选择踏板和平台材料时安全性是必须考虑的重要因素。美国国家标准协会、美国材料检测协会和《美国残疾人法案》都有关于楼梯和地面防滑阻力的标准或建议。大多数建筑的地面摩擦系数大于0.5就可以。当然，更高的系数，0.6～0.8可以使楼梯安全性更高。所有类型的踏板表面在潮湿状态下都比较不安全。其中橡胶材质和薄片材料在干湿状态下的性能差异巨大，它们在干燥状态下性能优异，而在潮湿状态下性能极差。在踏板表面使用木质材料可以起到防滑作用。令人意外的是，建筑规范并没有具体规定踏板材料和饰面材料。尽管如此，安全性始终是选择材料的首要标准。

日常维护和耐久性

在使用楼梯时，人们的脚和踏板频繁接触，踏板表面比普通地面的磨损度要高得多，所以选择耐磨损的材料尤为重要。设计师有责任保证选择的材料便于日常清洁和维护。有些材料，如石材可以持续几百年；有些材料，如木材，可以持续几十年，但需要阶段性翻修；还有些材料，如地毯或者弹性地面无法翻新，在使用一段时间后就要更换。这些因素对建筑的主人来说都是非常重要的，因为在今后相当长的时间内，他们要居住在这个环境中面对这些材料。所以，设计师应该对此负责，保障用户利益。除每日清洁维护和耐久性外，设计师还应该考虑到全球性的可持续发展，包括建造过程、能量消耗、废气排放和避免使用稀缺材料。

设计师还应该对台阶竖板材料做出选择。与踏板不一样，竖板对楼梯安全和耐磨损性影响较小，因而其材料的选择标准相对不那么复杂。通常来说，竖板会使用和踏板一样的材料，但有时也会作为装饰性元素，使用花式瓷砖，或者带有色彩和装饰。竖板和踏板材料应该保持一定的协调性，这方面通常问题不大。

扶手

与扶手有关的文字和图像信息主要出现在案例研究中，其中包括人身安全和触感方面的要求。选择扶手材料非常重要，因为涉及用户直接的触觉感受。许多木质和塑料扶手的触觉感受都不错，大多数金属扶手触感也比较舒适，但在寒冷天气中握住金属扶手会很不适，除非金属表面包裹了热绝缘材料。总之，设计师必须考虑用户使用扶手的直接触觉体验，包括避免扶手支柱造成手的触感障碍。

扶手栏杆的设计方案多种多样，有最简单的实心栏杆，也有极其复杂的定制产品。本章和案例研究列举了一些基本设计方案。本章末的"推荐书目"中有几本书包含大量扶手设计方案图例，有些还有详细的建造技术图纸。

楼梯配置

图 9-24 和图 9-25 给出了 14 个楼梯配置方案，它们是楼梯设计第一阶段最基本的最有代表性的设计方案。当然，除此之外还有无数的设计方案，包括一些极其复杂的方案，但它们往往只适用于特定设计背景。我们这里列举的基本方案意在为楼梯设计提供一些可供选择的切入点。

斜坡

斜坡经常可以替代楼梯。在没有电梯的情况下，公共建筑中任何高度变化都要求设置斜坡，以满足残障人士的使用需求。

不管有坡度的城市人行道（以旧金山为例），还是进入建造在不平坦地方的建筑，人们日常都会经常使用斜坡。自从 20 世纪 90 年代早期《美国残疾人法案》颁布以来，不管室内还是室外，斜坡都得到了更为广泛的运用。在一般情况下，不管室内还是室外，斜坡都比楼梯安全（覆盖冰雪的室外斜坡除外）。室外斜坡比室内斜坡使用更为广泛，因为室外通常有更多

楼梯设计基础 | **159**

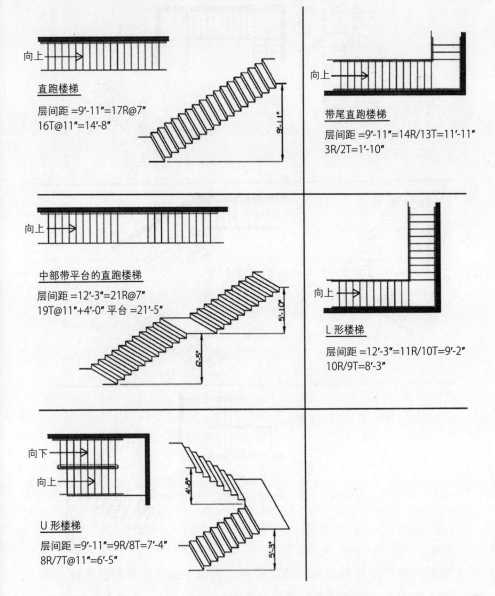

图 9-24　楼梯配置

延伸空间可供建造斜坡；而与建造室内楼梯需要精确计算台阶尺寸以满足有限空间限制一样，室内斜坡同样会受到有限空间限制。

关于斜坡的规范要求相对简单，易于操作，其关键点如下所示。

- 每 1 英尺坡道长度，坡度上升最大 1 英寸。
- 最小坡面宽度为 3'-8"。
- 不间断的斜坡最大长度不超过 35'-0"；如果斜坡长度超过这个要求，就需要增设至少 3'-8" 的中间平台。
- 斜坡两侧都应该设置扶手，扶手高度为 34～38 英寸。

图 9-26 所示为基本的尺寸要求，以及层间高 9'-4" 的两层楼间使用楼梯和斜坡的对比图。此图清晰地显示了在室内较少使用斜坡的原因。

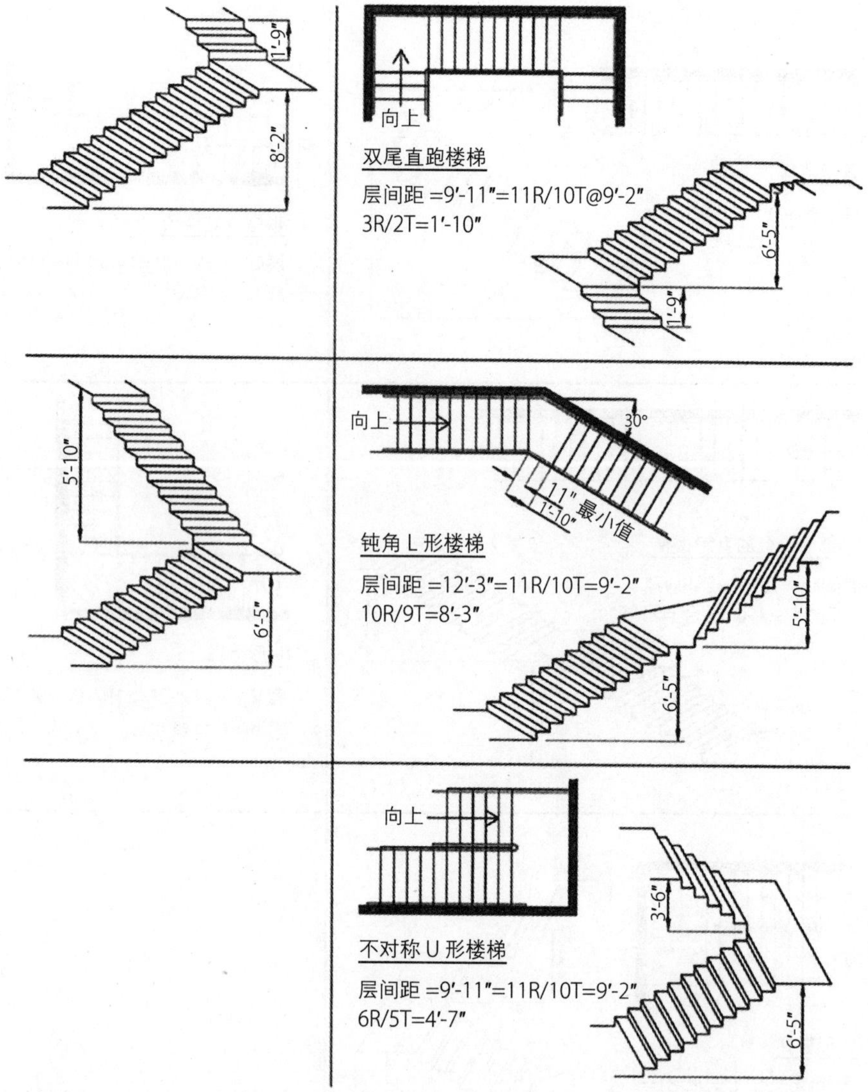

1'-9"
8'-2"
向上
双尾直跑楼梯
层间距 =9'-11"=11R/10T@9'-2"
3R/2T=1'-10"
6'-5"
1'-9"
5'-10"
6'-5"
向上
30°
11"最小值
1'-10"
钝角 L 形楼梯
层间距 =12'-3"=11R/10T=9'-2"
10R/9T=8'-3"
5'-10"
6'-5"
向上
3'-6"
不对称 U 形楼梯
层间距 =9'-11"=11R/10T=9'-2"
6R/5T=4'-7"
6'-5"

图 9-24 楼梯配置（续）

室内斜坡表面材料必须防滑。虽然在楼梯中经常使用地毯来铺设踏板，但在斜坡上，除非绒毛短而且非常紧凑的地毯，一般不会使用地毯，因为普通地毯会使轮椅难以通行。斜坡能够使用的表面防滑材料很多，从相对柔软的材质（如弹性地板产品）到中等硬度的产品（如木材），再到十分坚硬的材质（如混凝土或未抛光的石材）。

虽然安全性是选择斜坡表面材料的首要因素，但耐久性和用户的触觉感受也不容忽视。设计师应该考虑用户接触斜坡的各种可能性：用户可能赤脚，可能穿着鞋底轻薄柔软的鞋，也可能穿着厚重的靴子。斜坡表面触感如何？从斜坡走过是否舒适，抑或存在困难？

室外楼梯

楼梯建造规范在室内和室外同样适用。室外楼梯并没有其他特殊规

楼梯设计基础 | **161**

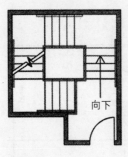

方形楼梯
层间距 =11'-8"=20R@7"
4×4T@11"=3'-8"+4 平台
（a）

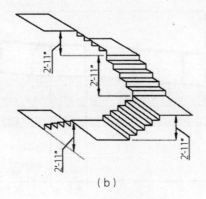

（b）

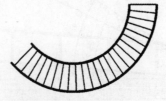

弧形楼梯
层间距=12'-0"=24R@6"
23T@10" 内径，12"@8'-0" 半径，14.75"@ 外径
（c）

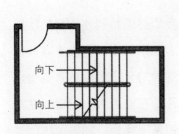

扩展 U 形楼梯（2 个中部平台）
层间距 =15'-9"=9R/8T=7'-4"
（d）

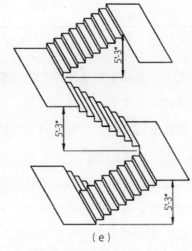

（e）

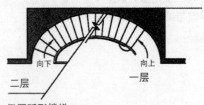

椭圆弧形楼梯
层间距 =9'-4"=16R@7"
15T=11"@1'-0" 距离内部边缘
（f）

宽 U 形楼梯
层间距 =12'-3"=21R@7
18T@11"+2 平台
（g）

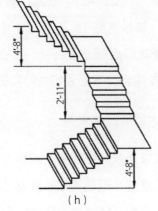

（h）

螺旋形楼梯
层间距 =9'-11"=17R@7"
6'-0" 直径
（i）

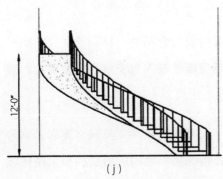

（j）

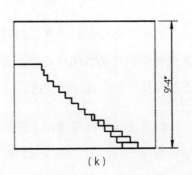

（k）

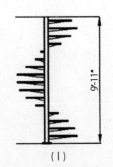

（l）

图 9-25 楼梯配置（续）

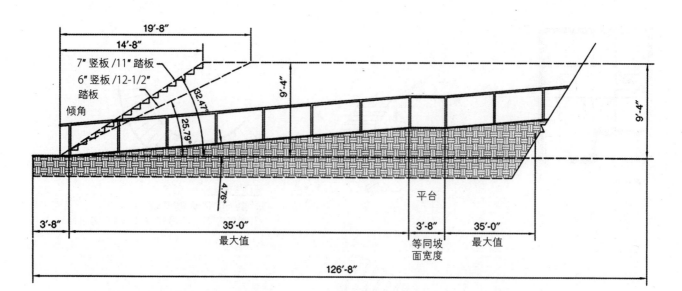

图 9-26 使用最大坡度 1″∶1′-0″ 的斜坡与使用楼梯所需水平长度对比

定。然而,由于一些和室外楼梯相关的因素,我们必须特别注重室外楼梯的设计和尺寸特点。首先,要注意天气。踏板上如果有水、雪或者冰,使用者就更容易绊倒和摔伤。即便温暖的气候,潮湿的台阶对用户来说也是比较危险的。其次,人们在室外行走的步伐往往比在室内大。因此,在室外从平地行走过渡到使用台阶时,不管上楼梯还是下楼梯,如果踏板比较宽,行人感觉就会比较舒适,而踏板宽,竖板高度就要相应矮一些。虽然建筑规范没有明确区分,但室外台阶每级不应高于 6 英寸,而对应 6 英寸竖板的踏板宽度为 13.5 英寸。当然,更矮一些的台阶会更舒适,比如竖板高度 5.5 英寸(踏板宽度 14.75 英寸)或者竖板高度 5 英寸(踏板宽度 16 英寸)。如果竖板高度低于 5 英寸,那么就称为斜坡式台阶,这是一种台阶和斜坡的独特组合,下面我们将对其进行描述。

室外楼梯大致有三个大类:

1. 直接连接建筑的楼梯(见图 9-27)。
2. 通常离建筑比较远的花园景观楼梯(见图 9-28 上图)。
3. 斜坡式台阶,楼梯和斜坡的组合(见图 9-28 下图)。

为室外楼梯和斜坡选择材料的标准同前文介绍的一样,前文介绍的一系列材料和产品也同样适用。重点还是应该放在人身安全和舒适度上,脚底触觉体验也应该考虑在内。

连接建筑的室外楼梯(见图 9-27)必须安装扶手,其尺寸要求和室内楼梯扶手一样。有一种情况例外:室外楼梯相邻台阶的斜度和整个楼梯坡度一致,幼童如果意外从扶手栏杆空隙摔落也不会造成重大事故;所以设

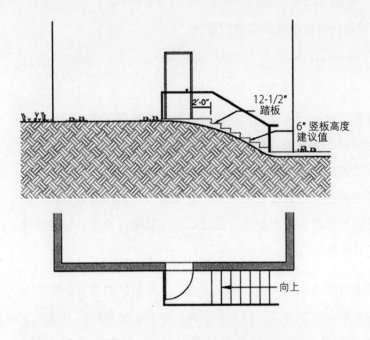

图 9-27 连接建筑的楼梯

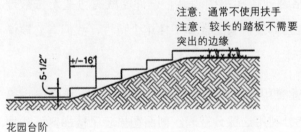

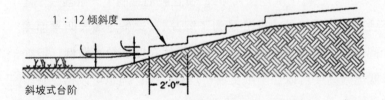

图 9-28 上图：花园台阶。下图：斜坡式台阶

计师可以忽略将扶手栏杆空隙限制在 4 英寸范围以内的要求。室内扶手材料的触感和质量我们将在后续内容与"楼梯设计案例研究——第二阶段"中讨论。在温带气候区最好不要使用金属作为室外扶手材料，以避免在冬天手握冰冷扶手的不舒适感。

其他类型的室外楼梯一般不需要扶手，因为它们通常长度较短，竖板高度较矮，安全性较高。此外，这些类型的楼梯不在建筑规范约束的范围内。尽管如此，提供扶手总不会有错，老年人尤其偏爱有扶手的楼梯。

除我们介绍的基本类型的斜坡和室外楼梯外，有很多非常规或比较有创意的楼梯设计概念和配置值得我们去探索和挑战，还有很多富有创造性的成功经验可供我们参考，比如罗马著名的西班牙台阶和纽约市由弗兰克·劳埃德·赖特设计的古根海姆博物馆楼梯。

楼梯绘图基础

有一点很重要，设计师应该铭记：设计成果，也就是图纸，通常是某个三维要素或空间的小型模拟，而实际建造则由建造者负责。图纸是设计师和建造者之间的首要沟通工具。因此，这项工具约定俗成的规范，或者说语言必须能够使最终的设计图易于理解，并清楚传达设计师的意图。简单地讲，楼梯设计有约定俗成的规范，设计师必须知晓并遵守，以便楼梯设计图纸能被正确理解和执行。

设计师和建造者普遍都能正确理解平面图。平面图的内容有很多是关于平面或凸面的元素，比如茶几、柜台和书桌。但是，楼梯存在上楼和下楼的问题，如果没有严格遵守楼梯绘图规范，设计图就有可能无法被理解，无法正确建造。正是因为楼梯有上楼和下楼这个特性，我们有必要使用分隔线，如图 9-29 所示。

图 9-29 是典型住宅建筑中连接一楼和二楼的直形楼梯，楼梯下方设计了一个储藏室，以便充分利用这部分空间。剖面图显示了楼梯侧面和扶手，还有储藏室的门。在离一层地面 4'-0" 的位置我们绘制了一条虚线（建造图中通常不会显示这条虚线，此处是为了解说），这条虚线表明平面图中只显示这个高度以下的平面元素。（4'-0" 的虚线高度是绘图惯例，但如果升高或者降低虚线高度可以让图纸更易于理解，设计师也可以相应做出调整，但必须注明。）由于楼梯还有高出 4'-0" 的部分，这部分楼梯在平面

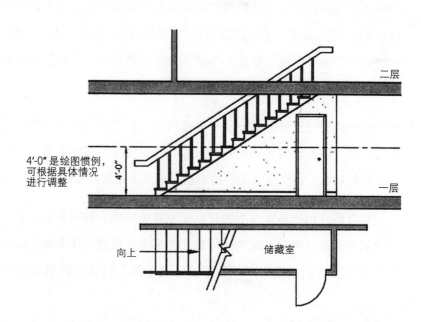

图 9-29 使用分隔线的楼梯平面图和剖面图

图中无法显示。因此，分隔线也被用来分隔超出 4'-0" 部分的楼梯。在平面图中，分隔线通常以一定角度绘制，而不是平行线或垂直线，以便与其他建筑元素区分，因为多数建筑元素间通常是正交关系。分隔线另一边是楼梯下方的空间，包括储藏室的门。这里使用双分隔线来标明剖面分隔线上下方内容的转变。楼梯另一侧墙面部分没有被分隔，这是因为这面墙是连续的，在剖面图分隔线上下方一样。

图 9-30 所示为另一种典型的住宅楼梯设计，有两个直形楼梯，其中一个位于另一个正上方。上方楼梯连接第一层和第二层，下方楼梯连接第一层和地下室。剖面图显示这两个楼梯和侧面的扶手，也绘出了为防止行人跌下楼梯井而额外设置的扶手。离一层地面 4'-0" 处以虚线绘制了分隔线，明确了平面图中能显示的部分为分隔线以下的部分。楼梯上升和下降部分以双分隔线为界，同时绘制了扶手，楼梯一侧的墙面部分和一层的水平安全防护和扶手都没有分隔，因为它们在剖面分隔线上下是连贯和一致的。

图 9-31 所示为高层办公建筑中典型的带有中间平台的混凝土消防楼梯。除一层和顶层外，楼梯每层的平面图都一样。此处的剖面图显示了有代表性的两个中间层间的楼梯。住户从 15 层主楼道可以进入楼梯，向上走可到达 16 层，而从另一侧向下可以到达 14 层。虚线分隔线位于离 15 层地面 4'-0" 的位置，平面图在以双分隔线分隔的位置绘出了楼梯上升部分的几个台阶。平面图楼梯下降部分的上半部全部可见，中间平台也可见；以中间平台为转折点，楼梯下降部分下半部可见部分延续到双分隔

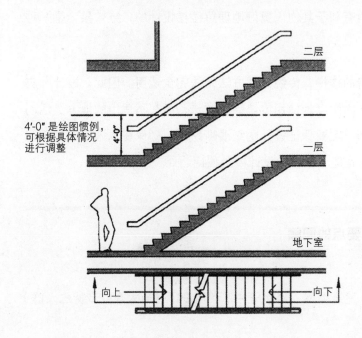

图 9-30 使用了分隔线的"梯上梯"平面图和剖面图

线将上升和下降部分隔开的位置，而这里使用双分隔线的目的正是要区分上升和下降部分。请注意：双分隔线隔断了扶手，但没有隔断周围的墙壁。

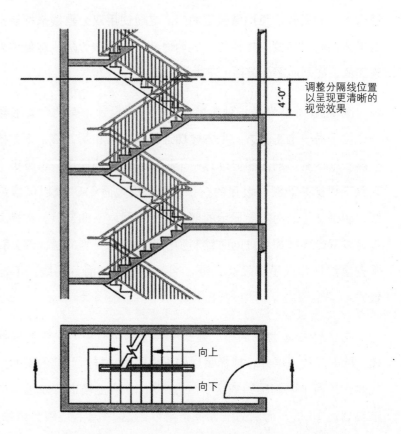

图 9-31　典型带有中间平台的楼梯，标明分隔线的平面图和剖面图

图 9-32 所示为剖面透视图，这种类型的图纸可以清晰地描述较大空间中楼梯的三维特征。这种绘图方法展示了楼梯及其周边环境，而且内容不局限于单一剖面，体现了建筑内部的立体效果。它不仅为设计师提供良好的视觉效果，也有利于其他人更好地理解楼梯设计的三维效果，是一种优秀的呈现工具。

有些设计独特的楼梯，传统绘图方法无法完全适用。因此，设计师应该在适用范围内最大限度地使用传统绘图方法，而在不适用的地方灵活创新。但是，设计师一定要保证设计图纸清晰易懂，确保在本人无法到场解说的情况下，别人也能看懂楼梯设计中的独特之处。

对楼梯设计决策要点的回顾

位置因素

- 新建建筑：建筑类型、预期居住率和用户（普通大众或者特殊人群）

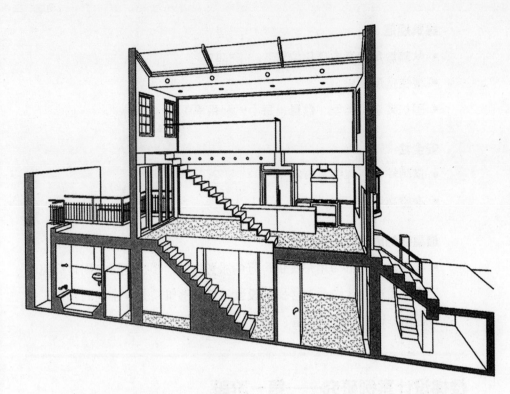

图 9-32 剖面透视图

- 已有建筑：建造历史和背景（使用年限和建造目的）、未来用途和用户群（普通大众或特殊人群）。
- 设计预期（实用型或纪念性建筑，或者介于两者之间）。
- 现有结构系统及其灵活性和适用程度。

层间高

- 是否存在使用简单直形楼梯的可能性？
- 楼梯是否需要设置一个或多个中间平台？
- 是否涉及两层以上的楼层？

建筑平面条件

- 平面空间是否很有限，需要紧凑的设计？楼梯设计得是否可以更宽一些？
- 平面图是否确定无法修改了，或者还容许灵活调整？
- 在楼梯设计中是否需要考虑人流方向和疏散方向？
- 楼梯设置的各种可能性。

竖板与踏板的关系

- 建筑规范。
- 安全性和舒适度。
- 楼梯行程长度和地面空间限制。

建筑规范
- 从疏散角度考虑楼梯位置。
- 楼梯宽度要求。
- 围护要求（类型、数量、每小时利用率）。

安全性
- 谨防绊倒、摔落等事故。
- 净空高度。

最重要的因素：人文因素
- 楼梯是否能够为用户提供良好的服务体验？楼梯是否与周边环境和建造用途有效结合？楼梯的设置是否能够维持整个空间的和谐，是否能够让用户感到舒适？

楼梯设计案例研究——第一阶段

以下案例研究意在带领大家逐步掌握楼梯设计方法，主要针对楼梯设计中需要注意的众多因素。本章按照这些因素的实用程度编排，同时进行案例研究来展示设计过程。案例研究按照难易程度排列，先从简单例子开始，再逐步过渡到复杂例子。

此处案例研究主要关注楼梯设计和配置，未涉及楼梯建造、扶手、材料和建筑细节等更细化的方面。第二阶段案例研究将进一步探讨这些细节化的内容。

案例研究 1

本案例背景是一栋处于设计阶段的现代连排房屋。这是开发商开发的大规模连排房屋中的一栋。从房屋中心线到墙面中心线的宽度为 22'-0"，长度为 43'-4"（其中二楼两端突出的阳台尺寸也计入长度内），该房屋有两个楼层和一个未完工的地下室，层间高为 9'-1½"，地面建造厚度为 1'-1"，所以实际完工后的天花板高度为 8'-0½"，刚好可以容纳整块标准干作业墙板（高度 8'-0"），这样也可以节约建造成本。

在连排房屋中最常见的做法是在邻接隔墙处建造直形楼梯，如果层间高为 9'-1½"，依据建筑规范可以有 5 种竖板和踏板尺寸组合方式。

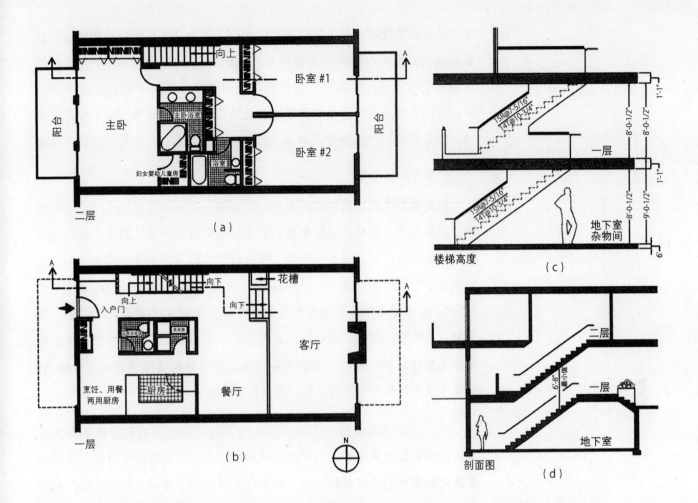

图 9-33 案例研究 1

1. 15 个台阶，竖板高度为 7.30 英寸，踏板宽度为 10½ 英寸（14×10¾″=12′-6½″ 楼梯水平长度）。

2. 16 个台阶，竖板高度为 6.84 英寸，踏板宽度为 11½ 英寸（15×11½″=14′-4½″ 楼梯水平长度）。

3. 17 个台阶，竖板高度为 6.44 英寸，踏板宽度为 12½ 英寸（16×12½″=16′-8″ 楼梯水平长度）。

4. 18 个台阶，竖板高度为 6.08 英寸，踏板宽度为 13½ 英寸（17×13½″=19′-1″ 楼梯水平长度）。

5. 19 个台阶，竖板高度为 5.76 英寸，踏板宽度为 14 英寸（18×14″= 21′-0″ 楼梯水平长度）。

请注意：最高竖板（7.30 英寸）和最低竖板（5.76 英寸）相差只有 1½ 英寸，但楼梯水平长度却会相差 6′-7″。建筑规范要求最小净空高度为 6′-8″，而此处天花板高度为 8′-0½″，因此不管选择哪种竖板高度，上层天花板能涵盖的台阶数都不会超过两个（踏板不超过一级）。看图 9-33 的剖面图，可以更好地理解净空高度要求。还有一个重要的尺寸因素是楼梯宽度。建筑规范规定的最小楼梯宽度为 3'-0"，这个宽度在现代连排房屋中被普遍接受。当然，也可以把楼梯设计得稍微宽一些，比如 3'-4"，这样感觉会更宽敞一些。在这里，我们暂定楼梯宽度设计为 3'-0"。在完成设计后，可以重新检验扩大楼梯宽度是否会给空间设计的其他方面带来不良影响，尤其是第二层的卧室和浴室的尺寸要求至关重要，几英寸就会产生重大差别。

由于中型连排房屋的建筑面积相对有限，竖板和踏板的尺寸选择应该适应房屋要求。较矮的竖板高度和较宽的踏板组合所要求的较大楼梯总长对整体空间设计可能有不良效果。竖板高度 7.30 英寸和踏板宽度 10.75 英寸组合是个不错的选择，其将构成 15 个竖板和 14 个踏板，楼梯水平总长 12'-6"。这个组合的平面图和剖面方案详见图 9-33 的平面图和剖面图。请注意：主卧室的形状无法设计成规整矩形，因为需要腾出一小部分净空高度作为楼梯终端。此外，我们决定将通往地下室的楼梯设计成开放状态，只使用扶手将其与餐饮区分离，而不使用隔墙和门。

我们决定将起居室的地面下沉大约 2'-0"，这样就会有较高的室内挑高，空间会显得更宽敞，也无须使用隔断将起居室和餐饮区分离。从餐饮区通向起居室的几级台阶使用了和通往二楼或地下室不一样的竖板和踏板尺寸组合。如果使用高度 7.3 英寸的竖板，那么 3 级台阶就会产生 21.9 英寸的高度变化，而 4 级台阶就产生 29.3 英寸的高度变化。由于通往起居室的这几级台阶并不连通建筑中的两个主要楼梯，因而竖板和踏板尺寸的变化并不会让人产生不舒适感或者导致绊倒和摔落事故。4 级 6 英寸的竖板和 13½ 英寸的踏板，可以产生 2'-0" 的高度变化，也为起居室创造了一个舒适宽敞的过渡空间。关于木质住宅楼梯的案例研究，请参考配套网站的案例研究 1A（图例 CW-4）。

案例研究 2

在美国，所有建筑类型，紧急疏散楼梯都必须满足建筑规范和《美国残疾人法案》的要求。"楼梯建筑规范，尺寸和配置"中详细介绍的规范问题，这里会再次提及，因为本案例关注的是封闭式疏散楼梯。

- 竖板和踏板的关系
- 楼梯宽度
- 净空高度
- 扶手
- 楼梯围护
- 《美国残疾人法案》要求
- 两个疏散通道
- 避难区

不同类型多层建筑的层间高有很大差异，从 8'-8"（多数铺设预制混凝土地面，没有顶棚气隙空间的公寓楼或者酒店建筑）到 12'-0" ~ 13'-0"（有大型结构开间和深顶棚气隙空间的高层商业办公楼）。

除小型房屋和很小规模的公寓楼外，很多多层建筑都需要设置建筑规范所规定的封闭式疏散楼梯或消防楼梯。在大多数情况下，尤其是多于三层的建筑，纵向行程基本由电梯提供服务，消防楼梯只用于在紧急情况下的疏散。这种类型楼梯是为满足建筑规范的最低要求，其实用功能非常明显，因而一般不注重审美方面的考虑。然而，有些消防楼梯也用于日常的楼层间通行；在这种情况下，就应注重审美方面的考量，以便为用户提供良好的日常体验。详见配套网站案例研究 2A，图例 CW-5。

我们这里选取的是位于郊区的典型六层商业办公建筑，层间高 10'-4"，楼梯为实用型消防楼梯。由于建筑底层有一个大型银行支行和一些小型零售业租户，底层与二层层间高为 13'-9"，如图 9-34 和图 9-35 所示。

绝大多数消防楼梯会使用建筑规范规定的最大台阶高

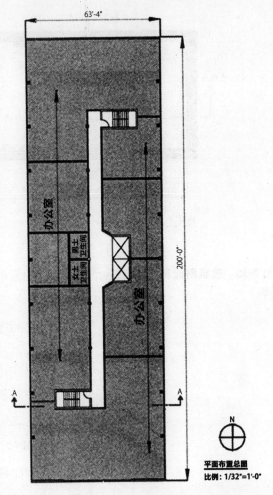

图 9-34　平面布置总图

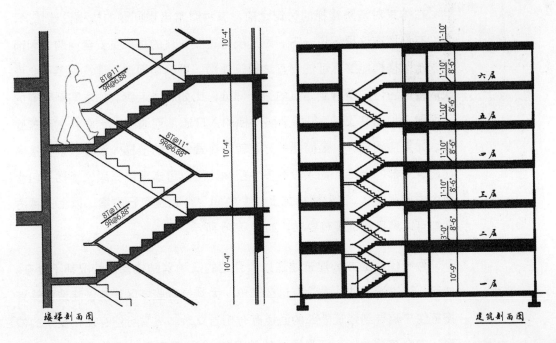

图 9-35　建筑剖面和方案细节

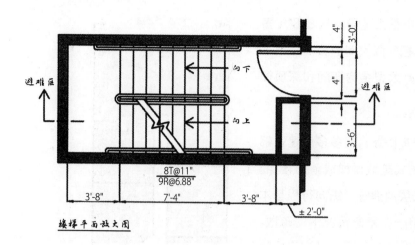
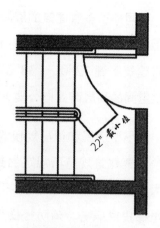

图 9-35 建筑剖面和方案细节（续）

度。这样的台阶竖板高度为 6.89 英寸（10'-4" 或 124"÷18=6.89"），踏板宽度 11 英寸。本案例也使用了建筑规范规定的最小楼梯和平台宽度 3'-8" 英寸，这样的楼梯配置便是最常见的消防楼梯配置。

传统 U 形消防楼梯是最常见的，因其造型紧凑而节约空间。此外，其造型在每个楼层间都一样，每层楼梯间的门位置也一样，因而设计简易。只要遵照建筑规范，保证楼梯宽度不减少一半以上，也就是减少不大于 1'-10"，楼梯间的门就可以朝楼梯中间平台方向打开，像图 9-35 显示的那样。尽管如此，如果消防楼梯在紧急疏散外用于日常通行，我们就应该考虑使用凹式门，以便获得更佳的设计效果。

在结束对消防楼梯的讨论之前，有种时常出现问题的楼梯设计情形，我们有必要在这里解说一下。建筑规范首要关注的是人身安全问题，因而要求疏散楼梯能够保证住户直达建筑外部。更确切地说，建筑规范不允许疏散楼梯将住户疏导到建筑的另一部分，比如底层走廊。如本案例研究的剖面图（见图 9-35），每层消防楼梯的入口通常连通室内走廊。在建筑底层，如果空间允许，最简便的方案就是在紧邻消防楼梯处设置一条直接通往建筑外部的走廊。如果没有多余空间，可以考虑建造三段式楼梯（包含两个中间平台）。直形楼梯加上一个中间平台也是可行方案。以上三种方案都可以满足建筑规范要求，如图 9-36 所示。

为一栋六层办公建筑建造以上介绍的三种消防楼梯，情况都不复杂。然而，建筑情况往往并没有这么简单，尤其是有些城区建筑，建造能够直接将住户疏导到建筑外部的通道有时相当复杂。尽管可能存在很复杂的情形，安全疏散的概念还是要始终铭记在心。（配套网站额外提供了一个案例研究 2A，其中的楼梯除用于紧急疏散外，也用于日常通行，因而在设

楼梯设计基础 | 173

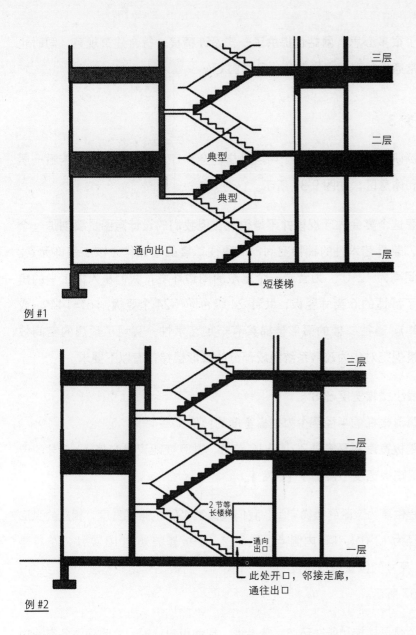

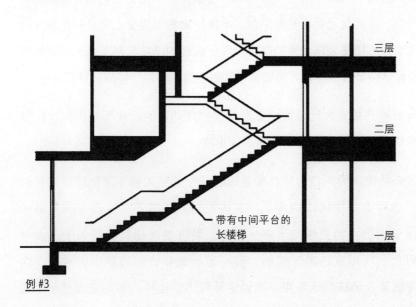

图 9-36　能直接通往建筑外部的疏散楼梯方案

计上花了很多心思。网站也提供了一些设计精良、符合建筑规范，同时也用于日常通行的疏散楼梯图片，见图例 CW-5。）

案例研究 3

案例研究 3 的背景是一个两层酒店宴会大厅，其中二层可以俯瞰一层的酒吧和休息区，如图 9-37 所示。

尽管这个宴会大厅规模并不是很大，但我们的设计意图是要创造一个宽敞的、兼具艺术性的独特空间，而通往二楼的楼梯作为核心装饰元素。建筑层间高为 12'-0"。为营造一个宽敞的周边环境，我们从人体工学的角度选择了舒适的 6 英寸竖板，共计 24 级台阶（24 个竖板 ×6"=144"，或者 12'-0"）。通往二楼的弧形楼梯具有一定艺术性，实现了预想的空间效果。建筑规范对作为疏散系统组成部分的弧形楼梯，有以下要求。

- 最小楼梯宽度 3'-8"。
- 弧形楼梯的半径至少为楼梯宽度的两倍（7'-4"）。
- 踏板宽度在最窄处不小于 10 英寸，并且在距离最窄处 12 英寸的位置踏板宽度不得小于 11 英寸。

为提供更为宽敞的楼梯空间，我们选择了 4'-0" 的楼梯宽度，相应的弧形最小半径为 12'-0"。弧形内侧半径为 8'-0"，踏板最窄处是 10 英寸，距离最窄处 12 英寸的位置踏板宽度为 11.25 英寸，而最宽处踏板宽度为 15 英寸，如图 9-37 所示。

这个弧形楼梯和所在环境十分谐调，帮助用户从视觉上明确了各空间功能区：入口、宾客登记处、礼宾前台、电梯位置和连通楼上吧台和休息区的通道。这个弧形楼梯装饰元素的细节，对于设计的成功起到了至关重要的作用。这些设计细节我们将在"楼梯设计案例研究——第二阶段"详细介绍。

还有很多开放式大厅装饰性弧形楼梯的成功案例，在面对相似设计情形时，这些成功案例可以激发你的设计灵感。

很多公共建筑的入口大堂都需要设计一个能给人留下深刻印象的开放式楼梯。这种类型楼梯作用各异，有些使用频率并不高，因为通常电梯就在不远处，而人们更倾向于乘坐电梯。装饰性楼梯其实起源于还没有电梯的时代，所以在许多老式的、有一定历史年代的建筑中很常见。这种设计传统至今仍被广泛沿用，因为这种装饰性楼梯的宏伟姿态显示了建

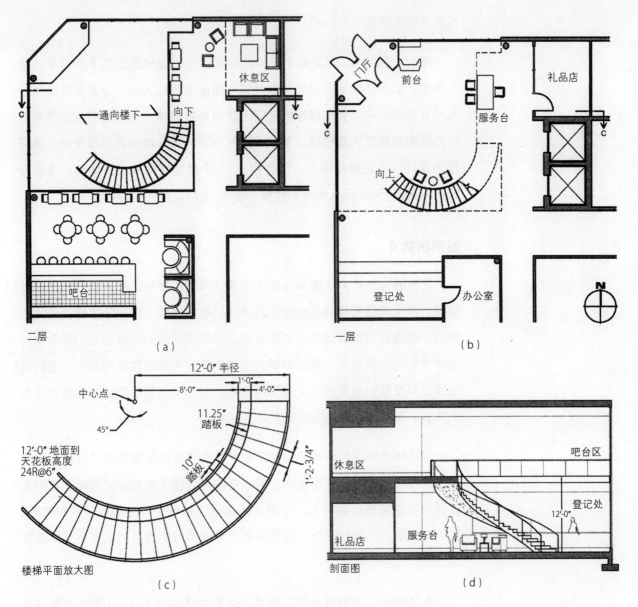

图 9-37 案例研究 3

筑的地位和重要性。同时，建筑师和设计师可以通过这个入口处的装饰性楼梯彰显自己的设计理念。建筑入口本身就是具有代表性的空间，其所营造的周边环境给人的印象非常重要，同时也为建筑内部的空间形象做了铺垫。

多层建筑要求楼梯井必须装有围护设施，而且楼梯必须直达建筑外部。建筑规范只允许有一节楼梯可以不加围护，通常是从二楼到入口层的楼梯，前提是楼梯终点靠近建筑底层入口。近几十年来，随着防火技术的发展，建筑内部开放空间的比例也有所增加，比如酒店或商场的中庭、危险系数较高的室内空间夹层、悬挂式走廊和阳台，以及一些复杂的空间高度变化。在这些开放设计中，最常见的还是具有仪式感的纪念性装饰楼梯。案例研究 3 探讨的是相对简单的两层装饰性楼梯，更为复杂的多层楼梯将在案例研究 4 中介绍。

弧形 / 曲线形 / 螺旋形（三种名称都适用）楼梯是沿袭了几百年的建筑传统。弧形楼梯固有的优雅和装饰作用是非常巨大的，尤其在常见的矩形和直形建筑中。弧形楼梯的几何形状可以很简单，而更具有挑战性的几何形状配置需要大量精确计算。本案例介绍的弧形楼梯并不很复杂，适合作为设计这类优雅楼梯的入门介绍。（关于弧形楼梯的更多案例，请参考配套网站案例研究 3A 椭圆形楼梯，图例 CW-6。）

案例研究 4

之前的案例研究主要关注两个完整楼层间的楼梯。很多楼梯都是这种情形，但中间层楼梯并不少见。20 世纪 50 年代的"错层"房屋就是为了满足不同居住功能而建造的夹层房屋。有些倾斜地形也需要我们采取错层设计方案。还有些旧式房屋翻新，尤其是那些挑高比较矮的房屋，我们也会通过调整层间高度来让空间变得宽敞。有些情形甚至需要连接紧邻的两个建筑，而两个建筑的地面高度却不一样。

合理建造中间层楼梯会给住户带来意想不到的视觉和空间效果，但也往往使楼梯设计问题变得复杂。室内中间层楼梯不是标准型楼梯，我们无法列举常见情形。事实上，中间层楼梯往往和特定条件和背景紧密关联。我们这里所选的案例研究，只是列举了设计师可能遇见的众多中间层楼梯设计情形中的一种。

本案例研究的背景是芝加哥富人区黄金海岸住宅区 20 世纪早期的连排房屋。这里的连排房屋大多数比较宏伟宽敞，但不经翻修已经不能适应现代的生活方式。和许多同类型城市大型房屋一样，这栋房屋也经过大量翻新，将内部改造成六套 20 世纪 40 年代小型公寓。房屋原始外部条件基本完好，但内部很多原始建筑风貌已经丧失。

为创造适应现代生活方式的更为开放和流畅的空间，翻新计划要求拆除原来的二层，以及一层和三层的一部分，还有原来的全部楼梯。翻新后，它将成为一栋六层小楼，起居室和娱乐空间额外增加挑高，同时通往后花园，如图 9-38 所示。方案重新设计了楼层分布，依次是：原来的地下室（B 层）改为家庭娱乐空间，原来的一层作为出入层和图书室，新设层 1R（起居室）和 2F（主卧室），原来的三层（2R）作为客房，而原来的四层（现在的三层）设计成采光良好的工作室和客房 / 保姆房。翻新的中央楼梯应该保证台阶高

楼梯设计基础 | 177

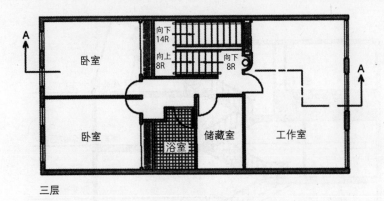

三层

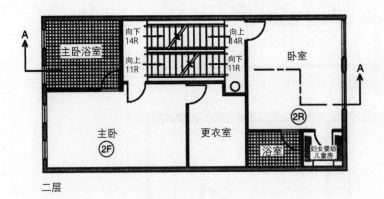

二层

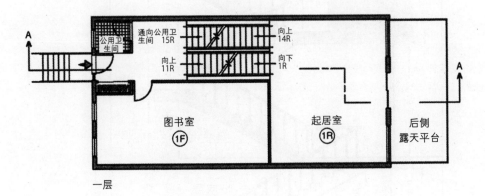

一层

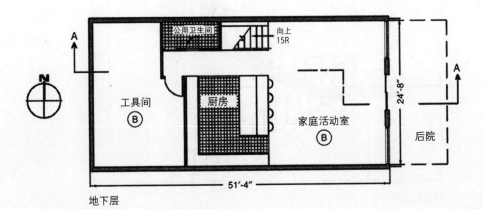

地下层

图 9-38　案例研究 4

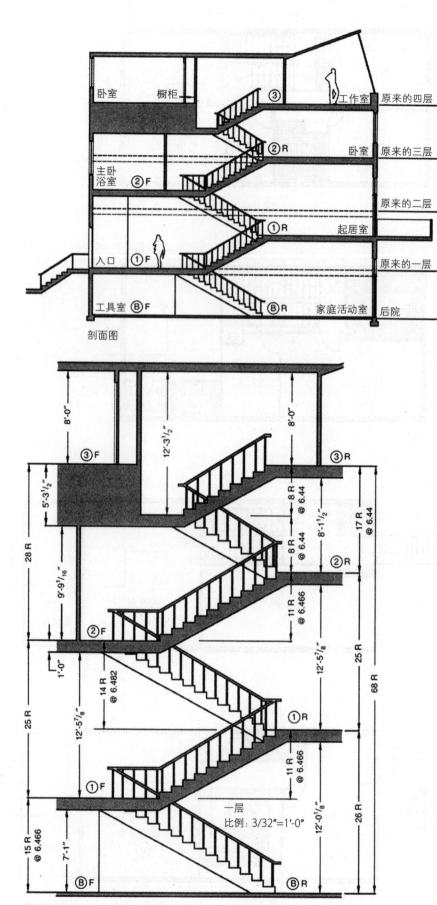

图 9-38 案例研究 4(续)

度让使用者感到舒适，保证其与房屋整体相对奢华的氛围一致，而且整个楼梯的所有台阶高度都应该保持一致。

有两个楼层的层间高没有做改变：入口层（1F）与地下室（B层）间高度为8'-1"或97"；而从后侧客房（2R）到工作室（三层）的高度为9'-1"或109"。入口层到地下室间可以设置15级6.466英寸的台阶（87英寸÷15），后侧客房2R层到工作室层（三层）间可以设置17级6.441英寸的台阶（109.5英寸÷17）。连接入口层（1F）到后侧客房2R层间19'-5"或233"的纵向高度，可以通过设置36级6.472英寸的台阶（233英寸÷36）。1R和2F的层间高度取决于所需台阶的总高度。1R和1F间有11级台阶（大约5'-11"）；2F和1R间有14级台阶（大约7'-6"）；而2R与2F间也设有11级台阶（大约5'-11"）。所有台阶竖板高度都大致相同（6.441~6.472英寸），因而踏板宽度都取12英寸，而新楼梯宽度改为3'-6"，并且房屋中连续的折线形楼梯都维持这个宽度。按照这个方案翻新，这栋房屋将变得与原来很不一样，更为动态宽敞的空间质量得以呈现。

创造出新楼层的计算方法比较复杂而枯燥，但这种由新造楼梯连接而创造出的更有活力的空间效果，以及伴随而来的更为流畅的空间是值得的。（关于中间层楼梯设计的更多案例研究，请参考配套网站案例研究4A/B，图例CW-7和图例CW-8。）

楼梯设计案例研究——第二阶段

第一阶段的案例研究主要关注楼梯设计，没有涉及楼梯建造和建筑细节。虽然在有些小规模建筑的平面图和剖面图中我们也标明了扶手和踏板前缘等细节，但未涉及更详细的尺寸、配置和材料等问题。所以，本阶段案例研究主要关注这些细节问题，探讨关于木、钢和混凝土楼梯的建造细节。楼梯的细节问题多种多样，难以穷尽。有些出版物提供了不少楼梯图片，其中有些是关于常见楼梯设计方案的详细图纸（详见"推荐书目"）。但是，请注意：这些楼梯图片中有不少并不符合国际建筑规范的要求；有些是因为建造年代早于建筑规范颁布的时间，有些则是不适用建筑规范或者忽略了建筑规范。这里介绍的楼梯设计细节都是比较常规的问题，意在为将来处理非常规的设计问题做铺垫。

为承接之前的案例研究，案例研究5继续探讨案例研究1中的住宅木质楼梯，案例研究6继续介绍案例研究2中的封闭式钢质消防楼梯，而案例研究 7 则继续关注案例研究 3 中的弧形混凝土楼梯。除"推荐书目"中推荐的出版物外,我们还可以从制造商的产品介绍和网站上获取很多关于楼梯材料和细节的信息(尤其是关于扶手系统的信息)。

作为这部分案例研究的背景信息,图 9-39 ~ 图 9-45 提供了楼梯建造和配置的基本信息和细节。同样,楼梯建造和配置多种多样,这里列举了其中一部分。

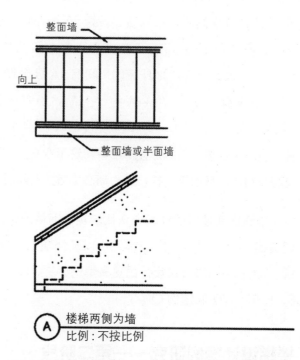

图 9-39 楼梯两侧为墙或实心扶手

如图 9-39 例 A 显示,楼梯一侧是整面墙,另一侧是从扶手到地面的半面墙,楼梯下方则是一个储藏室。如果不需要储藏室,则围护墙可替换为栏杆,使楼梯下方呈开放状态,或者使用面板材料,如石膏墙或中密度纤维板、胶合板来封闭。开放式台阶也是可以考虑的方案。

如图 9-40 例 B 显示,楼梯一侧为整面墙,另一侧为裸露的楼梯纵梁支撑着钢栏杆和木扶手。裸露的楼梯纵梁可以架于楼梯下方的分隔墙上,或者悬空,使楼梯底部呈开放状态。

使用裸露的楼梯纵梁的栏杆设计方案有很多,开放式台阶也是其中一种。

如图 9-41 例 C 显示,楼梯一侧为整面墙,另一侧为锯齿切口纵梁,台阶其中一端呈开放状态。纵梁可以稍微嵌入台阶一端(小于 1 英寸),或者为了更好的视觉效果而嵌入更深一些。这样楼梯一侧看上去就是每隔 4 级台阶设有一根钢质栏杆的木质扶手,而纵梁隐藏在台阶内,从表面看不到。

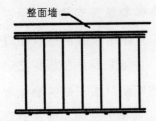

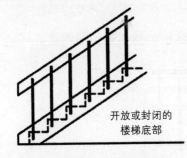

图 9-40 楼梯一侧为墙,另一侧为裸露的木质纵梁

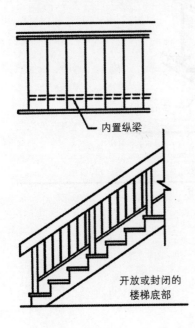

图 9-41 裸露的锯齿形切口纵梁

在图 9-42 例 D 中,中心纵梁两端有地面构造支撑,可以使用胶合板、钢质或者预制混凝土斜梁。必须保证每个踏板牢牢嵌入中心纵梁,以防止偶尔有体重过重的人将全部重量压在踏板一侧造成倾翻。可以使用螺栓或者焊接将踏板固定到纵梁上,把踏板焊接到成形钢板,再把钢板焊接到纵梁上,这样就牢牢固定住了踏板。而支撑扶手的钢质栏杆则焊接到钢板踏板的下方,所以整个扶手系统是由一根根焊接着钢支架的栏杆支撑而成的。

如图9-43例E显示，楼梯一侧的整面墙支撑着悬臂式踏板，所以这面墙的结构必须具备支撑踏板的功能。这种支撑结构通常可以通过将踏板嵌入墙内，利用厚重砌体墙来平衡踏板；或者将钢质踏板焊接到墙内的钢结构上。图9-43中的栏杆是由固定到钢质踏板末端的钢化玻璃板支撑的。而扶手是由模制塑料制成的，通过摩擦力与钢化玻璃紧密接合。

如图9-44例F显示，楼梯一侧为支撑踏板的整面墙，而踏板另一端

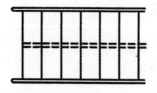

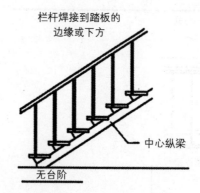

图9-42　单一中心纵梁

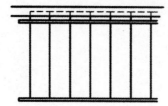

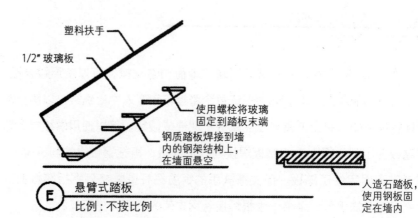

图9-43　悬臂式踏板

每级都由上方的吊杆固定，所以这个楼梯没有纵梁支撑。这种悬挂式楼梯需要有地面结构或者上方的横梁支撑。悬挂式楼梯通常需要牢固地固定到地面上，防止过度摇晃。踏板材料可以选择木料、钢材或者钢筋水泥石。扶手由焊接钢架固定到吊杆上，这种钢架和用来连接扶手和墙面的钢架相似，不需要直形支撑结构。

不管现场浇筑混凝土还是使用预制材料，都可以建造出极富可塑性的楼梯。如图 9-45 例 G 所示的两个楼梯是比较典型的混凝土楼梯。栏杆可

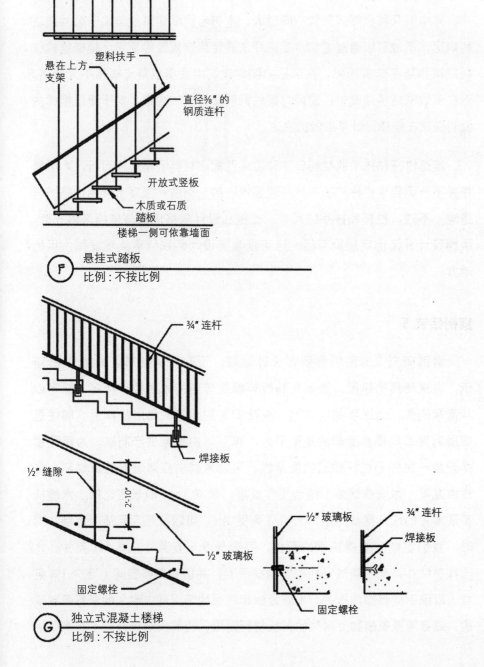

图 9-44 悬挂式踏板

图 9-45 独立式混凝土楼梯

以焊接到嵌入踏板的钢板上，或者通过螺栓固定，以这种方式建造栏杆，可以使用钢质、钢化玻璃栏杆配塑料或木质扶手。由于混凝土的可塑性，所以存在无限的可能性。

关于楼梯建造和细节的几点补充

图 9-39、图 9-40、图 9-41 和图 9-43 的范例 A、B、C 和 E 中的楼梯都是其中一侧为整面墙，而另一侧呈开放状态。以上这些楼梯类型都可以改为全开放式，只需使用原本开放侧同样的栏杆替代墙面便可实现。

这里列举的楼梯类型，既可以在住宅使用，也可以用于公共建筑。但是，其中有几种栏杆因开放空间过大，不符合国际建筑规范关于公共建筑的规定，不过可以通过增加水平栏杆来满足建筑规范的要求。楼梯结构材料应该和所在建筑匹配。在常见的住宅建筑中使用混凝土楼梯不太合适。而在多数钢结构建筑中，使用焊接的钢质楼梯比较合适。对于建造楼梯的材料应该在楼梯设计早期做出决定。

建造栏杆和扶手的材料应该和楼梯匹配。材料混搭通常可行，木质楼梯并不一定要求栏杆和扶手也必须是木质的，钢质和混凝土楼梯也是同样道理。不过，栏杆和扶手的尺寸、比例和设计风格应当与楼梯风格一致。楼梯设计并无固定规则可循，这正是需要设计师独特审美观发挥作用的地方。

案例研究 5

案例研究 1 的图例停留在设计阶段，没有定义细节。如图 9-46 所示，这里使用的纵梁、竖板和踏板等都是普通的木质楼梯产品，都可以从商家购买，运送到建筑工地，直接安装到建筑的每层楼梯上。即便是底层到第二层楼梯底部的矩形平台，也可以由商家生产制造。为避免楼梯开放一侧实心栏杆建造的复杂性，可向木材供应商定制相应材料，栏杆由龙骨（木质或钢质）结合干作业墙，做成 1×6 的长宽比例。木质扶手是常见的成品形状（由木材供应商提供），可以按照实际情况定制。同时，我们定制了支撑扶手的配件，每个长 5～6 英寸，高 1½ 英寸。木质扶手钻孔，配件通过钻孔固定到扶手上，并留有足够空间（至少 1¼ 英寸）以便手能够握住扶手。木质竖板和踏板的饰面是由耐久的聚氨酯制成的，或者用聚氨酯加上耐久的衬垫材料制成，将其安装到台阶上。木质纵

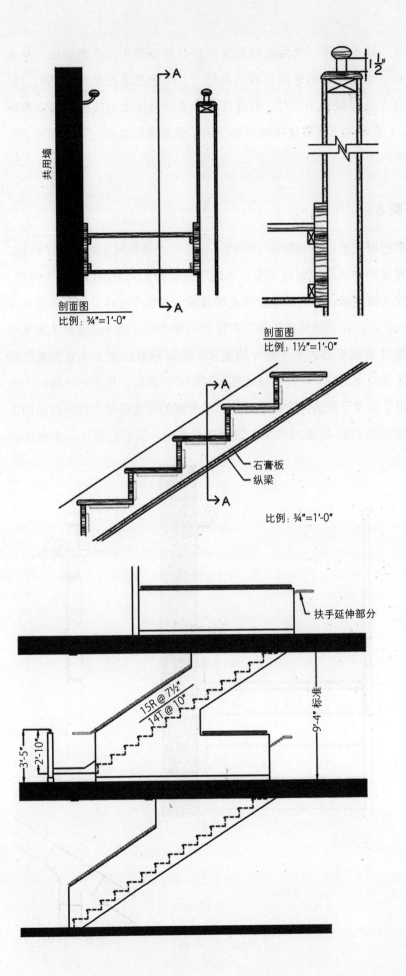

图 9-46 木质楼梯建造和细节

梁、端柱、扶手等可以使用能够显现木材自然纹理的耐久透明漆，或者耐久（亚）光漆。照明采用内嵌式筒灯：二层天花板安装两个筒灯，一层转台正上方安装一个筒灯，而通往地下室的楼梯上方楼板底面安装两个筒灯。（更多关于住宅楼梯细节的范例，请参考配套网站案例研究 5A，图例 CW-9。）

案例研究 6

本案例研究是以案例研究 2 中的楼梯设计为基础的，如图 9-47 所示。这个方案是简单的楼梯设计方案，体现了楼梯作为紧急出口的基本特性。通过螺栓套筒连接，槽钢纵梁直接支撑着纵向的铝管栏杆系统。铝连接杆穿过纵向栏杆，而铝网格面板悬挂在纵向铝管之间，这样就满足了建筑规范关于敞开空间不得大于 4 英寸的要求。踏板是嵌着宽 3 英寸安全防滑条的钢筋混凝土结构。栏杆系统的细节可以多种多样，很多生产商的产品名册列出了众多可供选择的标准配件。本方案的墙面使用了粉刷过的砌体墙。照明使用了长 48 英寸的壁式透镜荧光装置，安装位置位于主要楼面

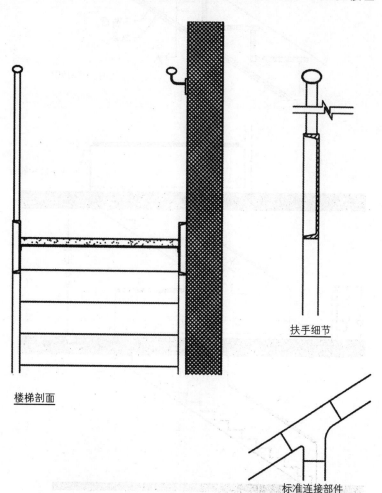

楼梯剖面

扶手细节

标准连接部件

图 9-47 钢质楼梯建造和细节

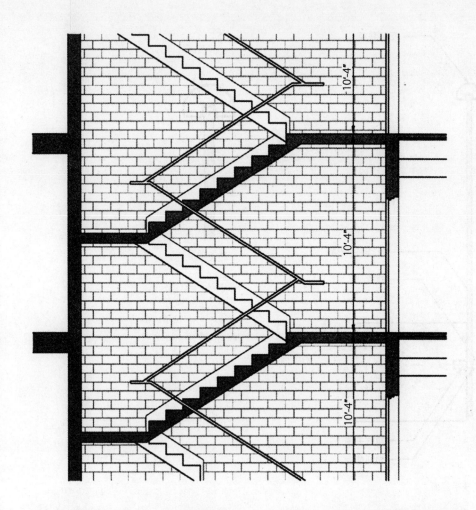

图 9-47 钢质楼梯建造和细节（续）

和每个楼梯中转平台楼面竣工标高以上 7'-4"。这样的照明系统是比较安全的。

案例研究 7

本案例对案例研究 3 中的楼梯设计进行了完善，如图 9-48 所示。这座楼梯是独立的一体成形混凝土结构，可以在建筑现场浇筑，也可以在工厂生产制造，运送到现场用起重机安放，使用螺栓或焊接固定到预设连接装置上。混凝土具有可塑性，适合当前的曲线形楼梯。踏板表面在混凝土定型前用聚合涂层处理，所以抗滑性能良好。混凝土中预先嵌入了螺栓套筒，用来固定 ½ 英寸厚的钢化玻璃栏杆。钢化玻璃栏杆是根据弧形楼梯定制的。钢化玻璃与混凝土接合处使用缓冲环，以保证其完好接合。扶手由厂家根据弧形楼梯定制，材料是经阳极氧化处理的铝质挤压件，上面预先压有沟槽，以便安放连接钢化玻璃栏杆的缓冲套筒。混凝土、玻璃和铝扶手的颜色选择应该与酒店大堂的整体设计匹配。楼梯照明也应融入整体空间，不应从整体照明设计方案中分离。

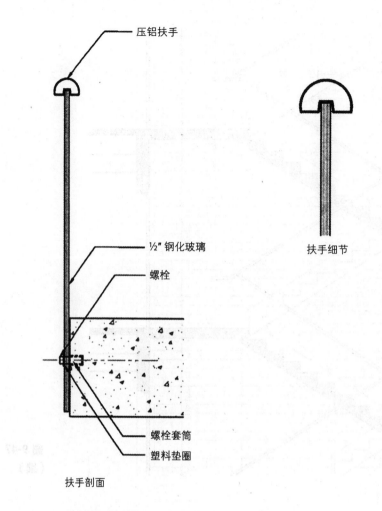

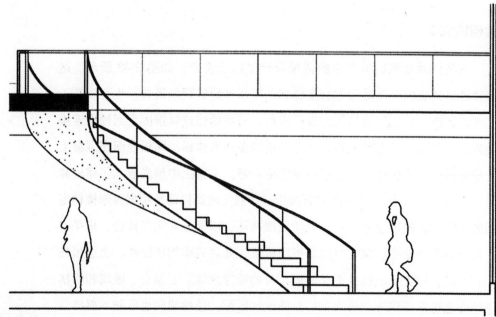

图 9-48 混凝土楼梯建造和细节

推荐书目

Baldon, Cleo. *Steps and Stairways.* New York: Rizzoli Publications, 1989.

Blanc, Alan and Sylvia Blanc. *Stairs* (2nd ed). Oxford: Architectural Press, 2001.

Chueca, Pilar. *The Art of Staircases.* Barcelona: International Key Services, 2006.

Falkenberg, Haike. *Staircase Design.* New York: TeNeues Publishing Group, 2002.

Haberman, Karl J. *Staircases: Design and Construction*. Basel, Birkhauser, 2003.

Templer John A. *The Staircase* (2 vols.). Cambridge, MA: MIT Press, 1992.

附录 A

楼梯术语

用来描述楼梯、楼梯部件、邻接楼梯的元素，以及与楼梯相关的词汇和词组有很多。建筑师、设计师和施工者所使用的楼梯术语大致相同，但也不完全一致，其中有些可能是同义词，有些甚至互相矛盾，会产生歧义。以下列出的楼梯术语极为精简，意在帮助读者理解本书使用的楼梯术语。

缩写：

ADA——《美国残疾人法案》

ANSI——美国国家标准协会

ASTM——美国材料试验协会

IBC——国际建筑规范

扶手栏（Baluster）： 支撑扶手的纵向栏杆。

护栏（Balustrade）： 安装在楼梯开放侧，由一系列扶手栏支撑的扶手，意在防止人们从楼梯侧面掉下。护栏有时也称围栏。

楼梯扶栏（Banister）： 沿着楼梯的倾斜度，安装在楼梯开放侧的扶手，由扶手栏或其他纵向支柱支撑。

圆形楼梯（Gircular Stair）： 曲线形楼梯，主要有两种形式：①紧凑螺旋形楼梯，所有踏板为切成块的楔形饼状；②大型圆形楼梯，其中圆弧半径至少为楼梯宽度的两倍（依照国际建筑规范标准）。

折线形楼梯（Dogleg stair）：请见下文的"U"形楼梯。

扶手（Handrail）：上下楼梯时方便手握的扶手栏杆。

"L"形楼梯（"L"stair）：由两部分组成的楼梯，中间由中转平台连接，外形呈"L"状。

中转平台（Landing）：楼梯之间供行人休息的平台，也是楼梯方向改变的中转之处。

楼梯长度（Length-of-run）：从底部竖板到顶部竖板的水平距离。

中心柱（Newel）：螺旋楼梯的中心支柱。

端柱（Newel post）：楼梯底部、顶部或中转平台扶手终止处的支柱。

踏板前缘（Nosing）：踏板的前端，突出于竖板。

倾斜度（Pitch）：楼梯倾斜度，倾斜45°不易于爬楼，而倾斜度低于27°的楼梯又会太长，耗费时间。

扶手栏杆（Railing）：请参见上文"扶手"。

斜坡（Ramp）：在不同高度间通行使用的倾斜坡面。

行程长度（Run）：请参见上文"楼梯长度"。

竖板（Riser）：每个台阶的纵向部分。

螺旋形楼梯（Spiral stair）：请参见上文"圆形楼梯"。

楼梯（Stair）：通行于楼层之间的一系列台阶（中间或有中转平台）。

楼梯间（Staircase）：建造楼梯的整个空间结构，包括支撑框架、平台、栏杆和扶手等。

楼梯底口（Stair foot）：楼梯底部台阶前的平台空间。

楼梯顶口（Stair head）：楼梯顶部台阶连接的平台空间。

楼梯（Stairway）：请参见上文"楼梯间"。

楼梯井（Stairwell）：楼梯间占据的整个纵向空间。

梯级（Step）：楼梯的一个组成单位，包含一个竖板和一个踏板。

纵梁（Stringer）：顺着楼梯坡度位于踏板两端的支撑板，用于支撑踏板和竖板。封闭纵梁会覆盖踏板和竖板两端；而裸露的纵梁会依据踏板形状有缺口，露出踏板两端。

踏板（Tread）：每个台阶的水平部分。

"U"形楼梯（"U"stair）：中间由中转平台连接的两节平行楼梯，外观呈"U"形。

楔形踏板（Winder）：非矩形踏板；通常为切成块的饼状；转弯处通常为三角形或者楔形。

附录 B

设计方案和建筑外壳

设计方案

设计方案 1A、1B、1C：1500 平方英尺

设计方案 2A、2B、2C：2500 平方英尺

设计方案 2S：3250 平方英尺

设计方案 3A、3B、3C：4000 平方英尺

- 设计方案 1A、1B、1C 与建筑外壳 1A、1B、1C 配套使用，也可交互组合，形成 9 套 1500 平方英尺的空间设计练习组合。

- 设计方案 2A、2B、2C 与建筑外壳 2A、2B、2C 配套使用，也可交互组合，形成 9 套 2500 平方英尺的空间设计练习组合。

- 设计方案 2S 和建筑外壳 2S（"S"代表"样板"）是本书通篇使用的范例，它们出现在设计标准矩形列表、标准设计草图、第 1 章的关系图、第 2 章的气泡图和分区图，以及第 6 章的空间设计范例中。

- 设计方案 3A、3B、3C 与建筑外壳 3A、3B、3C 配套使用，也可交互组合，形成 9 套 4000 平方英尺的空间设计练习组合。

设计方案 1A
供两名儿科医生使用的套间设计

现有两名儿科医生需要一处新的办公设施。他们的工作内容涵盖了儿科

护理的一系列操作，因而工作流程需要互相衔接。虽然工作环境必须专业，但首先考虑的还应该是创造轻松的环境，这样才能减少大多数病患和儿童进入医生办公室后产生的焦虑感。整个流程涉及接待员、医疗技术人员和一名负责记账与其他商务事宜的会计员。医疗设备供应商已经选定；其销售代表已经说明诊疗室的大小和形状要求，以及护士站的要求。

特殊需求

- 接待员负责引导病患，所以接待站应该合理设置于中心位置，以便实现其特定功能。
- 诊疗室和咨询室应该注重声效隐私。
- 商务办公室和工作区可合并到同一区域，前提是所有细节要求都能得到满足；如果两部分不合并到一起，也应该确保其相互毗邻。
- 如果建筑配置允许，医疗人员希望有一处"安全门"，这样他们就可以不经过接待区，直接从这个出口离开。
- 外部景观和自然光照是有利条件，但非首要的——需要优先考虑的是接待区域，其次是咨询办公室。
- 所有病患区在设计理念和实际设计尺寸上都应该满足无障碍要求。

项目要求

A. 接待处 / 商务办公室

- 接待处是所有活动的中心，所有病患到达时在此处登记，离开前在此处支付结算。
- 12 平方英尺的工作区域，8 平方英尺的结算区域，配备长约 4～6 英尺的交易柜台、一个文件抽屉组合柜、平面显示器、可拉出式键盘托和小型台式打印机。
- 便于接待员取放的 60 英尺长横向文件柜。
- 兼职会计员工作站：10～12 平方英尺办公桌，附带一个回转台用于放置和接待区一样的平面显示器和打印机，以及一个文件抽屉组合柜。
- 两把工作椅。
- 尽量保证接待处与商务办公区工作人员之间可以用目光交流。

B. 工作间

- 台式复印机（宽 26 英寸、深 20 英寸、高 14 英寸），基座宽 30 英寸、深 24 英寸。
- 储物柜或壁橱，至少 18 英尺长、12 英寸深的架子和至少 18 英尺长、

18英寸深的架子。
- 衣柜，设有3英尺长的挂杆。
- 办公桌，10～12平方英尺。

C. 等候区
- 可容纳5个成年人和3个儿童的座位区。
- 杂志区。
- 腾出大约60平方英尺空间作为儿童游乐区。
- 可挂10件大衣的衣架区。
- 该区域病患的年龄结构主要是从婴儿到青春期的少年儿童，所以应该特别注重营造出让病患内心感到舒适的环境。

D. 护士站
- 70～80平方英尺的规整空间，其中一面不小于7英尺。
- 从等候区进入便可看见护士站柜台。该柜台应该便于为两间诊疗室提供服务。
- 护士站较长墙面这一侧应该设置一个洗涤水槽，它的位置不受其与管道和管槽间距离的限制。

E. 诊疗室（2间）
- 85～95平方英尺的规整空间，其中一面不小于8英尺。
- 房间的位置安排无特别限制，便于员工和病患进出是首要因素。
- 尽管每个房间都设置了洗脸盆，但管道接头不受其与管道和管槽间距离的限制。

F. 咨询室（2间）
- 便于医务人员与病人和患儿父母交谈的舒适空间，设有医师私人办公桌；非正式氛围，甚至可以是住宅氛围。
- 桌面为12～15平方英尺的办公桌，外加一处5～8平方英尺的书柜或台面，以及两个文件抽屉组合柜。设置一个平面显示器、一个可拉出式键盘托和小型台式打印机。
- 可拆卸办公桌椅和3把访客椅。
- 36英尺长、12英寸深书架或工艺品架。

G. 化妆室（2间）
- 供员工和病人使用的盥洗室和卫生间（其中1间为无障碍设施）。

H. 储物间
- 大约40平方英尺，其位置应该同时方便工作室和护士站使用。

设计方案 1B
镇区青年机构

某郊区乡镇决定创立一个青年机构，这个机构人员众多，而且不断壮大。在很大程度上，这个机构的主要目的是为已有的几个小型机构和项目提供集会场所。此外，该机构将协同乡镇学校创办项目，并填补可能存在的项目空白。机构主要服务对象为年龄 8～16 岁的青少年，主要活动时间为下午和晚上，还有周末的白天时间，而暑期活动安排为完整的每周 7 日日程。这里的活动内容广泛，有象棋俱乐部、徒步 / 露营俱乐部、辩论俱乐部，进行校内体育比赛、舞蹈比赛、社区简报、戏剧创作、武术指导，甚至还有一些由导师指导的过夜活动项目。礼堂 / 剧院、健身房和运动场地就在附近，非常方便。设计师应该注重空间和设备的灵活性、环境氛围的非正式性和日常清洁维护的简易性，以确保该机构每日运行顺畅。

特殊需求

- 主任办公室应该合理设置在入口附近，确保从该办公室通过玻璃板能监督多功能厅的活动。当办公室门关上时，必须保证声效隐私。
- 除厨房外，所有设施在设计理念和实际尺寸上都应该满足无障碍要求。
- 桌椅和设备储存空间设计是本项目的重要方面。设计应该确保进出储存空间、取放储存物品简单高效。储存空间不能离得太远，应该确保取放储存物品的工作量最小化。

项目要求

A. 多功能厅

- 能够实现最大灵活性和功能多样性的空间，在课堂模式下至少可容纳 30 人，在按小桌分组情况下至少可容纳 24 人（游戏、进餐或者小组活动），在中心会议桌模式下至少可容纳 20 人。
- 入口附近设置可拉伸式或可折叠式接待桌（24 英寸 ×48 英寸），以满足入口需要监管或者入场需要门票的情形。
- 两个储物壁柜（分别供男孩和女孩使用），每个壁柜设 20 个箱柜（宽 12 英寸、深 12 英寸、高 36 英寸）。

B. 卫生间

- 男孩：两个洗脸盆、一个小便池、一个厕位。
- 女孩：两个洗脸盆、两个厕位。

C. 厨房

- 住宅式厨房设计，能满足一系列功能要求，从提供午后餐点到预制正餐。
- 14 平方英尺工作台面，配备全套台面底座空间和壁柜空间。
- 30 英寸宽双池碗槽，30 英寸宽烤箱系列，32 英寸宽电冰箱，24 英寸宽台面下方嵌入式洗碗机。

D. 主任办公室

- 12～15 平方英尺办公桌面，5～8 平方英尺书柜空间，两个文件抽屉组合柜。
- 平面显示器、键盘托、小型台式打印机。
- 可拆卸式桌椅和两把宾客椅。
- 30 英尺长、12 英寸深书架或工艺品架。
- 壁柜，宽 5 英尺、深 2 英尺，一半设置挂杆，另一半设置成层架。
- 私人无障碍浴室，紧凑而舒适，包含洗脸盆、厕位和淋浴设备。

E. 储存间

以下物品必须储存在壁柜或架子上，必须保证易于取放。

- 可容纳 30 张可堆叠椅的 24 平方英寸手推车。
- 20 人可用的可折叠桌（桌子大小取决于多功能厅方案）。
- 宽 18 英寸、高 18 英寸、深 24 英寸的存放 12 套睡袋的箱子。
- 12 英尺长、18 英寸深音视频设备收纳架（其中一个高 18 英寸，另外两个高 12 英寸）。
- 12 英尺长、12 英寸深游戏设备收纳架，高 12 英寸；8 英尺长、18 英寸深架子，高 15 英寸。
- 8 英尺长、12 英寸深供给收纳架，高 12 英寸；12 英尺长、18 英寸深架子，高 15 英寸。

设计方案 1C
小型会计公司套间

某家小型、经营良好的会计公司需要重新设置办公场所。设计背景是比较常规的情形，多数客户都参与公司运作，均会使用公司各空间区域。两个合伙人和两名员工（一名秘书/接待员和一名日薪会计）共同协作。预期环境氛围应该是正式而舒适的，能够体现合伙人事业成功，但不张扬。虽然访客很频繁，但同一时段访客通常不超过 2～3 位，偶尔 5～6 人集会或会议除外。

特殊要求

- 隐私和保密问题很重要。合伙人的办公室和会议室必须保证视觉和声效隐私。
- 在理想情况下，最好4处固定工作区域都享有外部景观和自然光照。
- 日薪会计的工作区域也应该有一定隐私性，不仅为保密，也因为这里通常需要长时间不间断地集中工作。
- 其中一位合伙人使用轮椅，所以整个套间在设计理念和实际尺寸上都必须满足无障碍要求。
- 如果条件允许，合伙人希望有一处"安全门"，可以由此不经过接待处离开。

项目要求

A. 接待处／秘书处

- 15平方英尺工作台面，连接10平方英尺回转台。两个文件抽屉组合柜、电话、一个平面显示器、键盘托，以及小型台式打印机。需要设置一个交易柜台，以保证文件工作的隐私性，同时也可屏蔽台面的杂乱。
- 工作椅。
- 24英尺长横向文件柜。

B. 等候区

- 可容4人的座位区。
- 可容8件大衣的衣柜或壁橱。
- 舒适的桌面，比如可供客户放杂志或文件的茶几。

C. 合伙人办公室（2间）

- 18平方英尺工作台面，台面下可容双膝的书柜或回转台，用于放平面显示器、键盘托和小型台式打印机。两个文件抽屉组合柜。
- 折叠式工作椅（仅供其中一位合伙人使用）和两把宾客椅。
- 12英尺长横向文件柜。
- 40英尺长、12英寸深书架或工艺品架。
- 合伙人A偏好非正式谈话区，配有容纳4人的沙发。
- 合伙人B（轮椅使用者）偏好可容4人的小型会议桌或者圆形可扩展办公桌。
- 每个办公室设置一个小型私人衣柜。

D. 日薪会计员办公室

- 工作区设有 15 平方英尺的主要工作台面，还有 10 平方英尺的附属工作台面，配有平面显示器、键盘托和小型打印机，至少两个文件抽屉组合柜，以及位于工作台面上方至少 12 英尺长的壁挂式层架。
- 工作椅和宾客椅。
- 12 英尺长横向文件柜。

E. 会议室 / 图书室

- 舒适的可容纳 6 人的会议桌椅。
- 存放饮料的餐柜和文具存放柜。
- 覆盖绝大部分墙面的法律文书书柜，至少 75 英尺长的书架，深 12 英寸、高 12 英寸。

F. 复印 / 储物 / 工作间

- 需要 55 英寸宽空间的独立复印机（宽 42 英寸、深 25 英寸、高 38 英寸）。
- 10 平方英尺校对工作台，台面下方设有储存空间。
- 30 英尺长横向文件柜。
- 可上锁的储存空间（壁橱或柜子）：18 英尺长、12 英寸深层架和 18 英尺长、18 英寸深层架。
- 预制"整体厨房"：放置冰箱（宽 42 英寸、深 25 英寸、高 36 英寸），并提供饮料服务。作为常规管道装置，水槽应该紧连管道线。

G. 卫生间

- 盥洗室。
- 厕所。

设计方案 2A
区域管理办公室

某国内财务服务公司准备重新设置一个区域管理办公室。这个区域性管理设施应该满足以下功能：①管理该区域的行政事务；②针对潜在客户的营销中心；③大部分时间在路上的客户经理的落脚地。由于兼具行政和营销功能，办公室必须具备一种专业氛围，能够传达公司的良好形象，同时让访客感到舒适。访客通常只停留在接待处、三间私人办公室和会议室，其余场所通常只供内部使用。办公室经理除了负责每日的内部事务外，也负责内部事务与行政 / 公共事务的沟通协调。所有区域最好都能享有外部景观和自然光照，客户经理所在区域除外，因为他们通常一周内只有几小时在这个公共办公区域工作。会计人员需要和其他工作职能有一定分离，而后勤人员应该是最容易接触到的，他们直接受办公室经理监督。卫生间设施必须合理设计，确保能够同时为员工和访客提供服务。饮料中心必须满足员工和会议室访客的日常需求。

特殊需求

- 3间私人办公室、会议室和经理办公室必须保证声效隐私。
- 所有设施在设计概念和实际尺寸上都应该满足无障碍要求。

项目要求

A. 接待处/等候区

- 接待员必须问候访客，安排访客行程，同时兼职处理一些文秘工作。
- 办公桌要有一个12～18平方英尺的工作台面、一个7～10平方英尺的回转台，以及两个文件抽屉组合柜。
- 平面显示器、键盘托和小型台式打印机。
- 易于取放的12英尺长横向文件柜。
- 秘书工作椅。
- 4个访客座位，包含方便的茶几。
- 4英尺长访客用衣柜或壁橱。
- 一面连续的展览墙，展出公司的服务项目，最少5英尺长。

B. 区域经理办公室

- 18～20平方英尺的工作台面和两个抽屉组合柜。
- 底部可以伸放双腿的书柜，10～12平方英尺工作台面，台面上方和下方最大化的文件储存空间。
- 平面显示器、键盘托、小型台式打印机。
- 工作椅和两把可移动宾客椅。
- 4人沙发和方便的茶几，营造非正式会面氛围。
- 私人衣柜，3英尺长挂杆。

C. 私人办公室（2间）

营销经理和会计管理员所需的办公室条件一样。

- 办公桌要有 20～24 平方英尺的工作台面，包含一处圆形扩展台供 3 人会议使用，外加一处 8～12 平方英尺的回转台或者书柜，以及一个文件抽屉组合柜。
- 书柜/回转台上方或者临近书柜/回转台的地方设置 8 英尺长开放或封闭式书架或工艺品架。
- 平面显示器、键盘托、小型台式打印机。
- 工作椅和 3 把可移动宾客椅。
- 12 英尺长侧面书柜。

D. 会议室

- 可供 10 人用的中心会议桌。
- 存放饮料和文具等的柜子，以及可视系统控制面板。（安装在顶棚，能够直接投影在屏幕上的电子投影仪是唯一需要考虑的音视频系统。）
- 嵌入天花板的电动投影屏幕，宽 4 英尺 6 英寸。
- 至少 8 英尺长的白板墙，设于不会被投影覆盖的墙面。

E. 经理办公室

- 12～15 平方英尺工作台面，7～10 平方英尺回转台，两个文件抽屉组合柜，8 英尺长书架或工艺品架，12 英尺长横向文件柜，一台平面显示器、键盘托和小型台式打印机。
- 工作椅和两把可移动宾客椅。
- 可以监督后勤人员工作的透明玻璃板。

F. 后勤人员（3）

3 位后勤人员组成一个工作团队，工作站的结构必须有利于团队协作。可以使用整体家具，采用高度不超过 60 英寸的隔板分隔。

- 常规工作站：总面积 45～60 平方英尺，其中包括 16 平方英尺工作台面、一个文件抽屉组合柜、6 英尺长横向文件柜、4 英尺长悬顶文件夹储存柜，还有平面显示器、键盘托和小型台式打印机。
- 工作椅。

G. 会计员（2）

- 包含两个相同工作区的工作组，由 36 英尺长横向文件柜组成的共用文件库。
- 常规工作站：总面积 65～80 平方英尺，其中 18 平方英尺工作台面、一个文件抽屉组合柜、6 英尺长横向文件柜、8 英尺长悬顶文件夹储存柜，还有平面显示器、键盘托和小型台式打印机。
- 工作椅和宾客椅。

H. 客户经理（3）
- 供 6 位外派客户经理使用的 3 个工作区，他们在工作区的工作时间并不重合。
- 常规工作站：总面积 40～50 平方英尺，其中 14 平方英尺工作台面、两个文件抽屉组合柜、4 英尺长文件夹储存柜，还有平面显示器、键盘托和小型台式打印机。
- 工作椅。
- 该区域应该设置一个"聚会"空间：小型开放式会议空间，可供 4 人使用的会议桌，用于非正式或即兴聚会。该空间对所有员工开放。

I. 工作室
- 在中心位置，方便所有员工进出。
- 立式复印机（宽 46 英寸、深 26 英寸、高 35 英寸），需要宽 54 英寸的操作空间。
- 放置供给的封闭架子，18 英尺长、12 英寸深架子和 18 英尺长、18 英寸深架子。
- 用于整合、分类的工作台（宽 60 英寸、深 24 英寸、高 36 英寸）。
- 设有 5 英尺长挂杆的员工衣柜。
- 45 英尺长侧面文件柜。

J. 茶水间
- 8 平方英尺工作台，台面底部和上方墙面全部设为橱柜。
- 单池碗槽，宽 17 英寸；小型烤箱，宽 20 英寸；独立电冰箱，宽 24 英寸；橱柜式咖啡机。

K. 卫生间——男女通用（2）
- 一个盥洗室，一个厕所。

L. 门卫室——25 平方英尺
M. 储存间——40 平方英尺

设计方案 2B
流行文化学院

某所位于近郊的大型城市大学决定新设立一个流行文化学院。该大学在社会科学领域具有一定声望，其中也有一些受人尊敬的教师积极投身于流行文化和未来主义运动中，具有一定名望。因此，学校期望进一步加入全球相似学科联盟，参加巡回展览和项目交流。除定期举行展览交流外，学校还将发起会议和研讨会项目。由于展览形式多种多样，也会涉及众多媒体，因而展出空间要求具备最大灵活性。

学院室内空间的规划设计必须能够体现活力和时尚感，应该避免学院风和博物馆式的呆板。大多数人员的行程通常是从入口/接待处到主要展区和会议室，少数人员会去主任和助理办公室。展品运送不是很频繁，因而不需要独立的服务通道，但如果空间允许设置，就应该确保这条通道可以从展出地点直达工作室。

特殊需求

- 会议室和主任办公室必须保证声效隐私。
- 主任和行政助理的工作关系紧密，他们的办公室必须紧邻。
- 行政助理必须监管展品的运输和接收，同时监督工作室兼职布展员的工作。
- 所有空间和功能区域最好都能够享有自然光照和景观，但主要展区的窗户设置应当谨慎，避免让展出设计受到限制，所有窗户都应该加装遮阳装置。
- 建筑规范要求座位超过 30 席的房间或空间必须设有两处相隔较远的疏散通道。
- 所有设施在设计理念和实际尺寸上都应该满足无障碍要求。

项目要求

A. 入口/接待处

- 作为入口的问询台或接待处，至少 4'-6" 宽，由勤工俭学的学生在此提供服务。接待台必须配有抽屉，用于存放发给访客的资料。
- 可供 3～4 人使用的长凳，不鼓励访客长时间占用。
- 壁挂式资料架，覆盖墙面尺寸为 15～20 平方英尺（4 英寸深）。
- 预告活动或发布通知的公告栏，20～24 平方英尺。

B. 会议室

- 可灵活布局的会议室或研讨室：观众席模式可容纳 24 人，中心会议桌模式可容纳 14 人。

- 使用隔音效果良好的折叠式分隔板，可将其分成两间会议室，每间可供 6 人小型会议使用。
- 存放饮料和文具的柜子，必须在大会议室和两间小会议室模式下都可以使用。
- 容纳 24 人的观众席模式下使用的 6′ 宽天花板嵌入式投影屏幕，以及顶装式电子投影仪。
- 白板墙，至少 32 平方英尺，在观众席模式下使用，应该保证不被投影屏幕遮蔽。

C. 主要展览区——600 平方英尺

- 开放、灵活、适应不同形式展出的空间。天花板网格必须满足纵向模块展出系统的要求。主要照明为轨道照明系统。
- 在特定情形下，展出空间会作为演讲展示空间，需要容纳 45 人。
- 8′ 宽天花板嵌入式投影屏幕，以及顶装式电子投影仪，供演讲展示使用。

D. 主任办公室

- 主要工作台面 18 平方英尺，附属台面 10 平方英尺，有平面显示器、键盘托、小型台式打印机和一个文件抽屉组合柜。
- 18 英尺长横向文件柜。
- 30 英尺长书架，深 12 英寸。
- 工作椅和 3 把宾客椅。
- 随意的会议座位安排更佳（主任未必坐在办公桌后面）。

E. 行政助理

- 功能性工作区：20～25 平方英尺工作台面，有平面显示器、键盘托、小型台式打印机和两个文件抽屉组合柜。
- 24 英尺长横向文件柜。
- 12 英尺长书架或工艺品架，深 12 英寸。
- 工作椅和一把宾客椅。

F. 工作间

- 工作台（宽 72 英寸、深 36 英寸、高 36 英寸），上方设置 12 英尺长、8 英寸深层架。
- 宽 36 英寸、深 12 英寸、高 78 英寸钢质模块式层架两组，宽 36 英寸、深 18 英寸、高 78 英寸两组。

- 全高模块式展出系统部件储存空间（宽 56 英寸、深 28 英寸）。这部分区域应使用活动隔板或永久性隔板与工作间其他区域分离。
- 储存空间：两辆存放堆叠椅子的手推车的空间 24 平方英尺；存放 6 张折叠桌子（桌面 72 英寸 × 36 英寸）。
- 中心工作台（宽 78 英寸、深 42 英寸、高 36 英寸）。
- 4 只工作台配套凳子。
- 木料 / 板条箱储存空间，两个独立空间，每个宽 48 英寸、深 30 英寸；使用活动隔板或永久性隔板将这两个空间与其他区域分离。
- 两个可移动式衣架（宽 60 英寸、深 18 英寸、高 58 英寸）。

G. 厨房

- 12 平方英尺工作台，台面底座空间充分利用，台面上方墙面全部设计成橱柜。
- 单池碗槽，宽 25 英寸；两缸式商业咖啡壶；橱柜式微波炉；台面下方嵌入式加热炉，宽 30 英寸；独立式电冰箱，宽 32 英寸。

H. 男女通用卫生间（2）

- 一个洗脸盆，一个厕位。

设计方案 2C
会议 / 营销设施

某家成功的出版公司希望建立小型会议和营销设施。这项新设施必须具备多种功能，从室内培训到针对潜在客户的销售营销宣传。该设施的设计品质应该体现公司的专业和良好形象，并给访客留下深刻印象。

从使用功能看，设计规划的重点在于创造最佳宣传、课堂和会议空间。该设施的常驻员工只有两名接待人员，两人均能操作音视频设备。演讲人、工作室负责人、召集人和其他人员会从自己的办公室来到这里。走廊和过道的设计尤为重要，因为会有大量人流同时进出，或者成群结队移动。

特殊需求

- 声效控制尤为重要，必须保证每个会议空间的声效隐私。
- 整个会议中心在设计理念和实际尺寸上都应该满足无障碍要求。
- 所有音视频设备都是以视频为主：每个演讲、课堂和会议空间都应该配备顶装式投影设备和相应投影屏幕。

项目要求

A. 接待处

- 合理设置位置，以便最大限度引导访客人流，最好一进门便能看到接待处。必须保证访客能够方便接触接待人员，以寻求信息。
- 供两人使用的接待办公桌，10～12平方英尺的工作台面；一个文件抽屉组合柜，还有一台平面显示器、键盘托和小型台式打印机。
- 每张办公桌前设置访客事务台面。
- 紧邻接待台的墙面设置储存空间，长8～10英尺、高6英尺6英寸～7英尺、深1英尺8英寸，包含12英尺长横向文件柜和存放供给与讲稿资料的封闭式壁柜。

B. 等候区

- 舒适的沙发区，能够实现访客与接待处人员目光交流。
- 5～6人访客座位，至少5人座。
- 可存放70件大衣的衣物储存空间。
- 便于翻看杂志、放杯子的茶几。
- 存放公司资料的壁挂式展示架，宽3英尺、高4英尺、深4英寸。

C. 设备室

- 中控和设备存放：存放所有演讲、课堂和会议所需设备，必须紧邻或者非常靠近接待处。
- 80平方英尺房间，门可上锁（最好没有窗户），最小7'-6"的空间用于安放永久控制台、设备层架，储存磁带，以及4辆会议期间使用的22英寸×34英寸设备运输板车。

D. 演讲室

- 传统演讲空间，设有20个舒适的固定座位。
- 座位前方放置讲台或者供研讨小组成员使用的桌椅（4人）。
- 房间前面安装电动天花板嵌入式投影屏幕，宽10英尺，以及顶装式电子投影仪。
- 房间前面整个墙面设置白板。
- 存放堆叠式椅子和研讨小组折叠桌的橱柜。

E. 培训室

- 供12人用的6张培训桌，宽72英寸、深24英寸。
- 每张桌子放置一台平面显示器、键盘托和小型台式打印机。

- 房间前面放置讲台。
- 房间前面安装电动天花板嵌入式投影屏幕，宽 5 英尺，以及顶装式电子投影仪。
- 房间前面整个墙面设置白板。

F. 会议室
- 中心模块式会议桌，18 座。
- 存放饮料和文具等的柜子，至少长 6 英尺。
- 房间前面安装电动天花板嵌入式投影屏幕，宽 5 英尺，以及顶装式电子投影仪。
- 房间其中一面墙设置白板，至少长 10 英尺。
- 该房间可通过使用活动隔板分隔成两个小型会议室，每个会议室可容纳 8 人。

G. 咖啡/休息区
- 位于中心位置的休息区，供会议中间休息使用。
- 一处可供 12～18 人使用的开放空间，提供凳子、长凳或者倚靠物体，人们可以站着，也可以坐着休息，不推荐提供舒适的座椅。
- 自助餐或饮料/点心/零食柜台（1～2 个柜台，总长 8～10 英尺）。
- 腾出足够墙面用于展示有趣图像或其他视觉元素，尽量保证该空间可见外部景观。
- 该空间最好与等候区相邻，或者可以直接通向等候区，这样两个空间就可以合并，为大型接待活动提供服务。

H. 厨房
- 供餐厨房（无须烹饪食物），位于中心位置，方便为演讲室、会议室和咖啡/休息区提供服务。
- 12 平方英尺工作台面，台面底部空间充分利用，台面上方墙面设置壁橱。
- 单池碗槽（宽 25 英寸），两缸式商业咖啡壶（宽 10 英寸、深 21 英寸），橱柜式微波炉，小型 4 灶烤炉（宽 20～24 英寸），以及宽 28″ 独立电冰箱。
- 密闭空间，以隔绝噪声和气味。

I. 卫生间
- 男士：两个洗脸盆，一个小便池、一个厕位。
- 女士：两个洗脸盆，两个厕位、梳妆台。

设计方案 2S
大学职业咨询中心

这个职业咨询中心将成为某中等规模公立大学的组成部分,为所有层次的学生提供课程和职业咨询服务。这个中心为大学和高中教育者(他们本身是咨询师)提供研讨会式的指导课程。此外,学校系部主任和员工为毕业生提供首要的就业信息来源,学校各系也为毕业生提供就业机会,他们在学校每个系的职业教育中起主要作用。这个中心不仅为校本部服务,同时也为其他地区的三个分校提供服务。这种全国范围内的活动经常会有需要留宿的访客,所以需要设置访客套间,通常提供1~2晚住宿服务。

该中心的人流主要是学生和近期的毕业生,他们大多事先预约了时间。每周数次,会有6~30人团体到此开会、研讨、演讲或进行团体咨询。主任和主任助理会在特定日期会见访客,这些访客通常一人或两人同行。

特殊需求

- 该中心的环境氛围应该体现与商业和社团的关联,而不是教育背景。从接待、面谈到项目本身都应该模拟真实情景,注重职业体验。不鼓励访客穿牛仔服和T恤等非正式服装。
- 如果条件允许,尽量保证员工和访客停留时间较长的区域能够享受外部景观和自然光照。建筑东面的公园景观尤其应该充分利用。
- 除厨房和访客公寓的浴室外,所有空间和功能都应该适合轮椅使用者使用。
- 主任办公室、研讨室和访客公寓必须保证声效隐私。
- 访客套间应该具备一定的住宅特性,避免"酒店"的感觉。套间入口应避免设在公共区域或比较显眼的位置。
- 主任、主任助理和行政助理通常作为一个行政团队一起工作,所以,他们的办公室应该紧挨在一起。接待员负责问候来客,引导访客人流。而面试点唯一的要求是其与接待处的连接比较便利。

项目要求

A. 接待处

- 接待处必须设有连续的工作台面,12平方英尺;供访客办理事务的台面,位于楼面竣工标高以上40英寸;平面显示器、键盘托、小型台式打印机；两个文件抽屉组合柜；一部控制台小型电话；一把工作椅。
- 邻近接待处设置 12 英尺长横向文件柜（宽 18 英寸、深 16 英寸、高 9 英寸）和扫描仪。
- 访客座位 5～6 个。
- 可容纳 30 件大衣的衣物储存空间。
- 壁挂式资料架（宽 40 英寸、高 60 英寸、深 5 英寸），便于访客取放。

B. 面试点（8～10 个）
- 面试点使用整体工作台面，其间用隔音隔板分隔，并设置一些储存空间。隔板高度不应超过 60 英寸。
- 每个主要工作台面加上回转台面的总面积应达到 18～20 平方英尺。
- 每个面试点设两个文件抽屉组合柜；4 英尺长悬顶储存柜；平面显示器、键盘托和小型台式打印机。
- 每个面试点设一把工作椅和一把宾客椅。
- 75 英尺长横向文件柜，所有面试点共用。
- 面试点不是办公室形式，因而必须通过使用隔音隔板制造出点与点之间彼此分离的感觉。

C. 主任办公室
- 舒适、不多加修饰的行政办公室，其风格与学院办公室标准一致。
- 双底座、前端嵌入式办公桌，配备桌柜，下面可容双膝，放置平面显示器、键盘托和小型台式打印机。
- 一把办公旋转椅和两把可移动式宾客椅。
- 20 英尺长书架或工艺品架，宽 12 英寸。

D. 主任助理
- 管理工作区：使用整体办公设备，隔音板高度不超过 60 英寸。
- 12～15 平方英尺主要工作台面，附加桌柜或回转台面（至少 8 平方英尺）和 2～3 个文件抽屉组合柜。
- 4 英尺长悬顶储存柜。
- 平面显示器、键盘托和小型台式打印机。
- 工作椅和两把可移动宾客椅。

E. 行政助理
- 主要协助主任和主任助理的工作。这里需要监督控制通往主任办公室的人员。
- 执行工作区：使用整体办公设备，需要良好视线。
- 12平方英尺主要工作台面，6平方英尺回转台面，两个文件抽屉组合柜；4英尺长悬顶储存架或柜子、平面显示器、键盘托、小型台式打印机。
- 工作椅。
- 12英尺长横向文件柜。

F. 工作区
- 独立式复印机（宽44英寸、深27英寸、高38英寸），需要宽54英寸长的空间。
- 储存柜（宽36英寸、深18英寸、高78英寸）。
- 12英尺长横向文件柜。

G. 研讨室
- 具有多种布局潜能的多功能演讲、会议和互动活动室。可以设置为20人课堂模式、12人中心会议桌会议/研讨会模式，或者两间小型会议室（通过使用折叠隔板），每间设可供6人用的中心会议桌。
- 饮料台，底部设计成文具储存空间，此设施需在大会议室和两间小会议室模式下均可使用。
- 储存备用桌椅的空间。
- 宽6英尺的顶装式投影屏幕（电动）和顶装式投影仪。
- 可视面板，宽48英寸、高48英寸、深5英寸（展开时宽96英寸），供大会议室模式下使用，需要保证不被投影屏幕遮蔽。
- 8英尺长布告板，供大会议室模式下使用。

H. 公用卫生间
- 男士：两个洗脸盆、一个小便池、一个厕位。
- 女士：两个洗脸盆、两个厕位。

I. 咖啡站
- 供员工日常使用和研讨室活动使用。
- 8平方英尺操作台，外加一个水槽、一个基座和悬顶橱柜。
- 双缸商业咖啡壶，水槽，橱柜下方放微波炉，操作台下放冰箱。

J. 宾客套间

- 舒适的客厅/睡房（设有床、沙发床或活动折叠床）、休闲椅或沙发、咖啡桌、抽屉空间、桌椅空间、电视、书架或工艺品架、小型橱柜（存放衣物和床上用品）。
- 功能齐全的小型厨房（水槽、炉灶、微波炉和冰箱），以及两人餐桌。
- 简单舒适的小型浴室（洗脸盆、厕位，以及浴盆或淋浴）。

K. 机械室

- 按照大学咨询中心工程师要求设置的 175～200 平方英尺房间，设有独立围墙，用于安装入户仪表、暖通设备、热水器和电子产品控制开关和面板。

设计方案 3A
市场调研集团

某个小型、业务良好的市场调研集团计划扩建办公设施，因为其发展规模已经超越了现有设施的承载范围。新的设计方案由空间设计咨询师负责调研并起草，其中综合了对未来 5 年发展趋势的预估。作为一家小规模的商业机构，该公司经营的服务范围很广，因而办公设施必须满足多种不同任务要求。这个办公场所唯一不经营的一项业务是电话调查。

员工和访客的舒适度与工作效率是设计要考虑的最主要因素，公司形象反而不是那么重要。访客行程通常局限于接待区、小组调研室、会议室和 3 间私人办公室。执行副总裁负责日常办公的监督工作，其办公室应该合理设置。工作区的设置应该便于所有工作职能的实施。参考资料或图书室的使用频率有限，可以设置在较偏远的位置。茶水中心的位置应该合理设置，使其同时满足员工和调研室或会议室访客的需要。茶水中心和午餐/休息室可以合并。

特殊要求

- 会议室、小组调研室、3 间私人办公室和午餐/休息室要求保证声效隐私。
- 小组调研室需要最佳声音吸收效果。
- 3 间私人办公室的设置必须便于 3 人之间进行互动。
- 应该尽量保证所有办公室和工作区的自然光照和外部景观。

- 所有设施在设计理念和实际尺寸上都应该满足无障碍要求。
- 卫生间应该设于中心位置，便于员工和访客使用。

项目要求

A. 接待处／等候区

- 接待处负责问候访客，并引导访客行程，同时提供一定的文秘服务。
- 总面积为 20 平方英尺的工作台面，用于放置平面显示器、键盘托和小型台式打印机，一个文件抽屉组合柜。
- 供访客使用的办理事务柜台。
- 便于取放的 18 英尺长横向文件柜。
- 等候区必须设置 12 个座位，外加 10 英尺长衣柜或橱柜、杂志架或展示台。等候时间有时会很长，所以等候区座位应该加装舒适软垫。

B. 小组调研室（2）

- 调研室 A 必须适合举行 12 人参加的常规会议。座位应该能够满足长达 3 小时的调研需求。
- 调研室 B 设置舒适的 10 人圆形谈话空间，圆形有部分开口，以便成员观看白板或者视频屏幕。
- 每个调研室设置一面白板墙（至少 8 英尺长）；顶装式电动投影屏幕（宽 6 英尺），放下时覆盖白板墙；桌柜（至少 6 英尺长），用于提供茶水服务；视频控制开关，以及供给储存空间和正对投影屏幕的顶装式电子投影仪。

C. 会议室

- 可供 10 人使用的中心会议桌。
- 存放饮料和文具的桌柜。
- 其中一面空白墙安装顶装式投影屏幕，以及相应的顶装式电子投影仪。
- 白板墙，8～10 英尺。
- 储存柜，至少 10 平方英尺，用于存放视频监控器移动支架、新闻纸支架和其他相关设备。

D. 总裁办公室

- 办公桌：18～22 平方英尺带有伸放双膝空间的桌柜，可放置平面显示器、键盘托和小型台式打印机，两个文件抽屉组合柜，16～20英尺长书架或工艺品架（置顶）。
- 办公椅和两把可移动宾客椅。
- 设有4人座的传统会话区，外加放置两把可移动宾客椅的空间，需要时可将宾客椅移至会话区。
- 50英尺长书架或工艺品架。

E. 私人办公室（2）

除层架外，下面是对行政副总裁和执行副总裁办公室的要求。

- 20～26平方英尺工作台面，包含一个可以容纳3名访客的圆形会议展台，外加7～10平方英尺回转台或桌柜、平面显示器、键盘托和小型台式打印机，以及一个文件抽屉组合柜。
- 工作椅和3把可移动宾客椅。
- 12英尺长横向文件柜。

层架：

- 行政副总裁，60英尺长书架或工艺品架。
- 执行副总裁，16英尺长书架。

F. 客户主任（2）

- 管理工作区：20平方英尺工作台面，平面显示器、键盘托和小型台式打印机，以及两个文件抽屉组合柜。
- 工作椅和2把可移动宾客椅。
- 9英尺长横向文件柜。

G. 行政助理（4）

- 工作区：16平方英尺工作台面，平面显示器、键盘托和小型台式打印机，两个文件抽屉组合柜。
- 工作椅和一把无靠背宾客椅。
- 6英尺长横向文件柜。

H. 工作室

- 独立复印机（宽47英寸、深27英寸、高38英寸），需要宽56″的操作空间。
- 邮件分拣桌（宽60英寸、深24英寸、高36英寸），桌子上方墙面设置壁挂式邮件分拣柜（宽 48 英寸、深 26 英寸、高 9 英寸）。
- 可上锁的供给架壁柜或橱柜，36 英尺长、12 英寸深层架和 36 英尺长、18 英寸深层架。
- 员工衣柜，设有 6 英尺长挂杆。
- 综合储存柜，30 平方英尺。

I. 茶水中心
- 10 平方英尺开放式操作台，台面底部空间充分利用，台面上方墙面设计成橱柜。
- 单池碗槽，宽 19 英寸；小型炉灶，宽 20 英寸；独立电冰箱，宽 28 英寸。
- 台面下方嵌入式洗碗机，两缸咖啡机，以及一个橱柜式微波炉。

J. 午餐室 / 休息室
- 可灵活布局的 8～10 人餐桌，可容纳 2～6 人团组用餐。
- 存放供给和调料等的服务台，台面底部放置垃圾桶。

K. 卫生间
- 男士：两个洗脸盆、一个小便池、一个厕位。
- 女士：两个洗脸盆、两个厕位。

设计方案 3B
世界大都会

随着各地大都会俱乐部纷纷成立，当地某家国内商业组织决定建立自己的私人餐饮俱乐部。俱乐部的目的在于为会员提供聚会场所，也为非会员朋友和商业伙伴提供娱乐场所，为大家提供一个熟悉的用餐环境。此项目是经过与国内同行俱乐部管理者长期讨论，以及向当地餐饮服务行业咨询后确立的。

俱乐部的整体氛围应该友好而正式，具有商业气息。此处主要的餐饮服务时段为中午，也可提供晚餐服务。经验表明，用餐人士男女比例平均。酒吧和休闲活动不宜过多。经验也表明，会员们期望用餐时间不宜太长，不宜设置奢华的午后茶憩。由于用餐人员背景多种多样，餐点和装饰不宜带有强烈的主题风格。常规人员行动路线十分明确，但在无法设置单独服务通道的环境中（高层办公大楼），服务输送、垃圾收集等路线应该合理规划，使其途经公共区域的路程最小化，并且安排在非用餐时段。经理办公室应该设置在靠近入口处，最好不用途经用餐区便能进入备餐区位置。

特殊要求

- 私人餐室和经理办公室必须做好隔音。
- 吧台主要作为服务台，其中 5′ 长的吧台部分作为侍应生取餐台。
- 必须首先保证用餐区有自然光照和景观，最好能够同时保证吧台 / 休息区和经理办公室的光照和景观是最佳的，但不用强求。
- 所有公共区域都应该满足无障碍要求。

项目要求

A. 入口处

- 4～5 人座位；座位舒适度一般便可。
- 服务员领班台，大约 3 平方英尺，合理设置位置，使其视线范围能够覆盖吧台 / 休息区和主要用餐区。
- 小型装饰台，6～10 平方英尺，用于展示俱乐部资料。
- 自主式衣帽间或凹室，设置 20 英尺长挂杆、伞架、帽架和鞋架。

B. 吧台 / 休息区

- 传统吧台：8 英尺长工作台和酒水柜（用于储存和酒品展示），可容纳 6 张吧台凳的空间，以及 5 英尺长的服务员取餐台。
- 设计灵活的 8～10 人可用的餐桌区域，可以供 2～4 人群组用餐。

C. 主要用餐区

- 可容纳 2～4 人用餐，偶尔也可适应 6 人用餐的餐桌，餐厅总容量 40 人。
- 服务台，6 英尺长工作台面，储存餐具、桌布等的托盘和层架。服务台总面积 50 平方英尺。

D. 私人用餐室（2）

- 其中一间放置可容纳 6 人餐桌，另一间放置可容纳 12 人餐桌。
- 每间餐室应该设置至少长 5～7 英尺的自助餐席，餐席下方设计为储存空间。

E. 经理办公室

- 12～15 平方英尺工作台面，7～10 平方英尺回转台，两个文件抽屉组合柜，8 英尺长书架或工艺品架，配有平面显示器、键盘托和小型台式打印机。
- 30 英尺长横向文件柜。
- 工作椅和两把可移动宾客椅。

F. 卫生间

- 男士：两个洗脸盆、一个小便池、一个厕位。
- 女士：两个洗脸盆、两个厕位、两个带座位梳妆台。

G. 餐饮服务设施

- 留出 1000 平方英尺的空间作为餐饮服务区域，包含接待台、员工储物柜、卫生间设施、干冷储存设施（包括废弃物冷处理）、备餐厨房、洗碗区和服务员服务流水线。应该确保用餐区看不到厨房，厨房噪声应该限制在工作区内。至少确保有一面墙紧邻管道系统。

设计方案 3C
社区咨询中心

某社区咨询中心准备在新地点设立办公室和会议设施。该设施必须包含行政办公室和咨询办公室、社区研讨中心、会议室和咨询热线服务中心。

该社区咨询中心是一个以社区为中心的非营利组织，主要帮扶处于危机中的家庭或个人——面临死亡或者家庭成员身患绝症，深受毒品、酒精、暴力或者性侵困扰，遭受遗弃或失业等。其最主要的任务是直接帮扶身患绝症的个人。该中心提供健康护理课程，收容场所（非本地区），以及针对客户情感和生理需求的团组互动研讨会。该中心还通过直接咨询或者间接推荐相关专业机构的方式来为面临其他危机的人群提供资源和帮助。该中心设有一个可查阅的图书室，收藏书籍、CD 和 DVD，这些资源向个人、家庭或社区服务机构开放。此外，中心还为社区动员项目和群组互动活动提供了一个比较宽敞的研讨室。

咨询热线服务中心是由社区咨询中心协助建设的独立机构。热线中心位于新的社区咨询中心，为身处危险或紧急情况，还有自杀倾向的人群提供全天 24 小时热线电话服务。除办公区域外，中心还为咨询导师提供了一处公寓。该职位通常由社区服务专业的研究生担任，他们会在此进行为期 3～6 个月的社区实习。

特殊要求

- 社区咨询中心需要的是一种亲和氛围，而非学院风。所以，它的内部设施必须具备功能性，同时让人感到轻松。
- 必须特别留意接待区和咨询办公室的设计，确保能够给寻求帮助的人留下良好的第一印象。
- 窗户的设计必须确保自然光照得到最大限度的利用。
- 因为许多客户身有残疾，所以必须确保所有公共区域适合轮椅使用者使用。（咨询热线中心和公寓是供私人使用的，所以不用满足无障碍要求。）
- 咨询热线中心和公寓必须是独立单元，可以从接待区直接进入热线中心和公寓。如果条件允许（建筑配置允许），办公区和公寓区可以分设独立的外部入口。
- 私人咨询办公室必须保证视觉和声效隐私。
- 虽然设计外观上需要效仿亲和的住宅模式，但家具材料和完工效果必须耐久实用，同时满足商业标准。

项目要求

A. 接待区

- 接待区设置客户签到台，10 平方英尺工作台面、平面显示器、键盘托和小型台式打印机；配有两个箱式抽屉和一个文件抽屉组合柜、电话和工作椅。
- 18 英尺横向文件柜。
- 放置信息册和宣传教育手册的壁挂式资料架（宽 4 英尺、高 5 英尺、深 4 英寸）。必须保证从接待处就能看到资料架，方便公众取用。
- 办公用品储存空间（24 英尺长架子，深 12 英寸）、供公众参阅的书籍、CD 和 DVD 等储存空间（24 英尺长架子，深 18 英寸）。
- 独立复印机（宽 30 英寸、深 26 英寸、高 38 英寸），仅供接待员使用，访客不可使用。
- 4～6 个访客座位。
- 可容纳 10 件访客外衣的衣物悬挂空间。

B. 咨询办公室（3）

- 3 间私人办公室。每间办公室设 12 平方英尺工作台面、9 英尺长横向文件柜、6 英尺长开放式书架或工艺品架，还有平面显示器、键盘托和小型台式打印机。工作区必须独立于咨询区，但不一定需要隔断。工作区和咨询区分别需要一把旋转工作椅。
- 咨询员 A 偏爱比较随意的会议桌——一张和办公桌同样高度的圆形桌和 4 把椅子。
- 咨询员 B 和 C 偏爱对话模式——沙发或 4 人座休闲椅。

C. 社区咨询中心主任办公室

- 兼具办公和会议功能的私人办公室。
- 双底座办公桌（18 平方英尺），配有全高文件抽屉组合柜，还有平面显示器、键盘托和小型台式打印机。
- 书柜，带有 6 英尺长横向文件柜。
- 旋转工作椅。
- 3 把可移动宾客椅。
- 18 英尺开放式书架或工艺品架。
- 独立会议区：1 张圆形咖啡桌和 4 把环绕式休闲椅（高 15 英寸）。

D. 社区研讨室

- 多功能厅。可布置灵活多样的座位格局——演讲模式（课堂模式）可容纳 40 人，会议模式（会议桌椅模式）可容纳 20 人。
- 存放可供 40 名访客使用的折叠桌、可堆叠式座椅和衣架的储存空间。
- 咖啡吧台，台面下放置冰箱（宽 60 英寸、深 24 英寸、高 36 英寸）。
- 一面可以固定文件和展示资料的墙面，至少 8 英尺长。
- 展示板（折叠尺寸宽 48 英寸、高 48 英寸、深 5 英寸，展开宽 96 英寸），包含可书写平面、活动挂图和下拉式投影屏幕。
- 天花板嵌入式投影屏幕和顶装式投影仪。

E. 公共卫生间

- 男士：两个洗脸盆、一个小便池、一个厕位。
- 女士：两个洗脸盆、两个厕位。

F. 厨房 / 休息室

- 供客户和员工用午餐、休息和放松。
- 灵活摆放桌椅，可容纳 16 人。

- 工作区：12 平方英尺工作台面，双槽洗碗池，台面下安放嵌入式洗碗机，四炉炉灶（宽 30 英寸），微波炉，可制冰标准冰箱（宽 32 英寸），以及全套底座和墙面橱柜。

G. 热线中心办公室

- 如果条件允许，可以设立独立的外部入口。
- 两个工作区，半隔断，每个设立 10 平方英尺工作台面；一部电话、平面显示器、键盘托、小型台式打印机、两层文件抽屉组合柜、工作椅。
- 12 英尺长横向文件柜，两名员工均可使用。
- 表格、手册、供给等储存柜（宽 36 英寸、深 18 英寸、高 78 英寸）。

H. 热线中心：导师公寓

- 紧邻热线中心办公室。
- 生活区：4 人沙发/休闲椅、阅读椅，放置电视、音响和书籍的墙面单元，15 英尺长层架。
- 用餐区：4 人用餐桌椅。餐桌可扩展为工作台面。
- 小型厨房：碗槽、冰箱、炉灶、微波炉、操作台面和橱柜，总面积大约 50 平方英尺。
- 睡眠区（可以不是独立房间）：双人床、床头柜、抽屉、设有 4 英尺长挂杆的衣柜。
- 浴室：洗脸盆、厕位、淋浴设备、衣物储存空间。

建筑外壳

建筑外壳 1A、1B、1C：1500 平方英尺

建筑外壳 2A、2A-RC、2B、2C、2C-RC：2500 平方英尺

建筑外壳 2S：3250 平方英尺

建筑外壳 3A、3B、3C、3C-RC：4000 平方英尺

- 建筑外壳 1A、1B、1C 的建筑面积为 1500 平方英尺，意在配合设计项目 1A、1B、1C 使用，形成该建筑面积等级的 9 个独立空间设计练习。
- 建筑外壳 2A、2B、2C 的建筑面积为 2500 平方英尺，意在配合设计项目 2A、2B、2C 使用，形成该建筑面积等级的 9 个独立空间设计练习。
- 建筑外壳 2S 的建筑面积为 3250 平方英尺。在本书中，它主要用作

范例，分别出现在下面这些章节：设计方案 2S，第 1 章的设计标准矩形列表、标准设计草图和关系图，第 2 章的气泡图和分区图，第 6 章的空间设计范例。

- 建筑外壳 3A、3B、3C 的建筑面积为 4000 平方英尺，意在配合设计项目 3A、3B、3C 使用，形成该建筑面积等级的 9 个独立空间设计练习。

建筑外壳 1A

这座 20 世纪 50 年代典型的木结构老式"牧场"建筑占地面积大，坐落于繁华街区，带有幽深的、景观优美的屋后庭院，因而非常适合非住宅用途。建筑外墙为承重的木质龙骨结构（间距 16″），外墙配有隔热防护板和油漆木壁板，墙内侧使用石膏墙板。屋顶是传统的木桁架结构（间距 24″），覆以胶合板和沥青瓦。外部入口门高 7′-0″，窗户为提拉窗，窗台高度为楼面竣工标高以上 3′-0″，而窗楣高度为楼面竣工标高以上 7′-0″。

建筑第一层为木托梁结构，底层地板为胶合板，上面为橡木条榫槽地板。天花板是石膏板，高度为楼面竣工标高以上 8′-0″。地下室楼梯周围的隔断为木龙骨和石膏板结构，隔断墙设有 4″ 高的蛤壳状木踢脚板。通往楼梯的门为 7′-0″ 的油漆平面门。暖气系统为踢脚板嵌入式，高度 6″，可以保证所有外墙外观的一致性。由于废水管道系统位于地下室，因此所有管道装置必须位于距离北面和西面墙面 10′-0″ 以内。所有入户设施管道和仪表设备都设于地下室内。

由于本建筑不具有突出的建筑特征或者重大的历史意义，所以我们可以对建筑外观做出适当修改，比如将外部入口放在北面，以及将窗户放在北面和西面。同时，必须保证遵守当地建筑规范的基本条款，包括与无障碍通道和设计等有关的规定。

建筑外壳 1B

在服务数十年之后，这座世纪之交的消防站退居二线，不再频繁使用。它是小型商业建筑群的一部分，用排屋式承重消防石墙进行分隔。前后墙为非承重石质结构。第二层和屋顶为典型的木质托梁结构。南墙的车库门为拱形过梁设计，中间点高度为 12′-0″。南面边门上方 7′-0″ 处装有玻璃气窗，气窗上方是拱形过梁，其中间点高度为 9′-0″。后侧服务门高度为 7′-0″，北

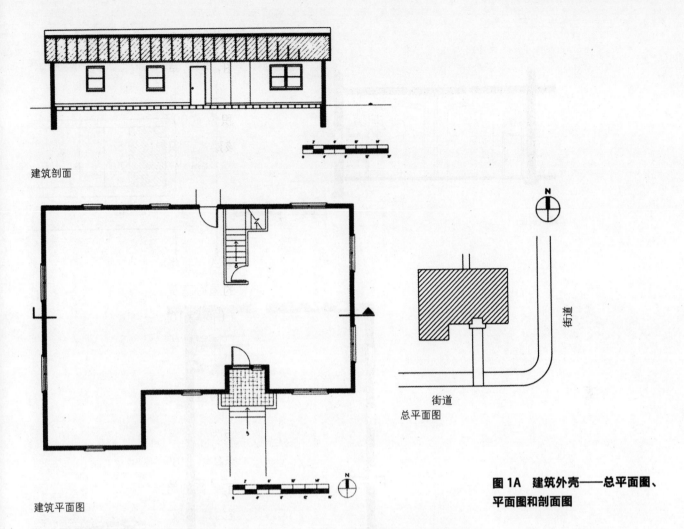

建筑剖面

建筑平面图

街道
总平面图

图 1A　建筑外壳——总平面图、平面图和剖面图

面和西面窗户的窗台高度为楼面竣工标高以上 3'-0"，窗楣高度为楼面竣工标高以上 9'-0"。在本设计项目中，二楼作为将来扩建使用，所以二楼通往楼梯的通道只需基本设计即可。

建筑底层地面为强化混凝土斜面板。外墙内面和共用墙为裸露砖块。建筑内部独立柱为直径 6" 的钢筋水泥圆柱。建筑一层天花板是将木板条贴到二层托梁下方，之后抹上灰泥，其高度为楼面竣工标高以上 14'-0"。计划将新的暖通系统安装在屋顶，送风管和回风管埋设于邻近东面共用墙的位置；建筑一层可以考虑将新建管道系统裸露或者建造新的吊顶来隐藏管道系统。所有管道装置必须安装在距离东西墙面 10'-0" 以内，这样才能使其通过预埋地下的沟道连接到墙面内的主要排水网中。

由于具有明显的时代特征，建筑南面的墙可以考虑不做任何改变。不过车库门中间的嵌入式窗户可以重新设计，以满足新的内部空间用途。同时，必须保证遵守当地建筑规范的基本条款，包括与无障碍通道和设计有关的规定。

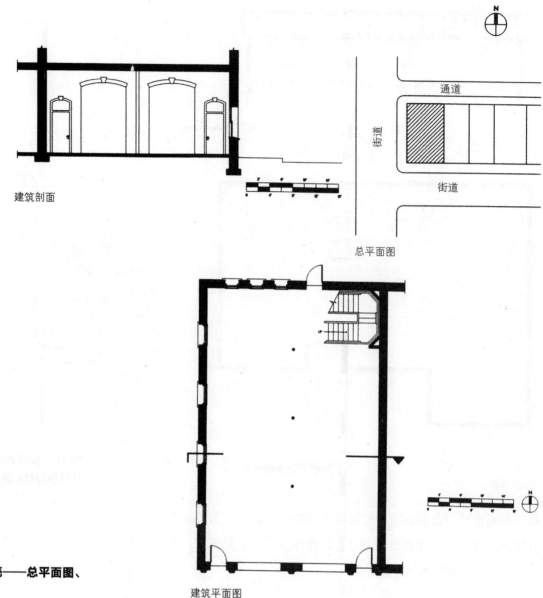

图1B 建筑外壳——总平面图、平面图和剖面图

建筑外壳 1C

这座原市政办公楼建于20世纪20年代,为古典设计风格,建筑周边如同公园一般。如今,该建筑用于出租,可作为职业办公楼或社区机构。此处描述的空间位于这座三层建筑(有地下层)一层的一端。建筑的基本结构为石质承重墙和强化混凝土地板。外墙为砖结构,墙内侧抹了灰泥;内部承重墙也是砖结构,表面同样抹了灰泥。窗户为提拉窗,窗台高度为楼面竣工标高以上3′-0″,窗楣高度为楼面竣工标高以上8′-0″,窗饰宽度为6″。

原有地面为水磨石,虽然光滑,但已经老旧。内墙表面为灰泥,有三块高度8″的木踢脚板。内部承重墙可以进一步凿开宽6′-0″的空间,但必须保证开口空间两侧的墙面长度都不少于3′-6″。该空间入口处应该设置一扇门。一层天花板在二层混凝土横梁正下方，其高度为楼面竣工标高以上 10'-0"。我们将设计新的中央暖通系统来安置送风管道系统，同时沿着外墙设置深 1'-0"、宽 2'-0"（最小尺寸）的挑檐底面。管道装置必须安装在距离指定管槽 12'-0" 的范围内。

本项目不允许改变建筑外墙，同时必须遵守当地建筑规范标准的基本条款，包括和无障碍通道与设计有关的规定。

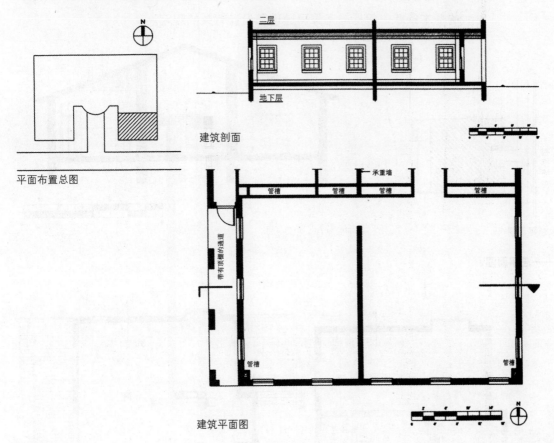

图 1C　建筑外壳——平面布置总图、平面图和剖面图

建筑外壳 2A

这个建于世纪之交的船坞位于河畔，周边环境酷似公园。其建筑结构是普通房屋结构。较低楼层仍作为划船运动场所，只在沿河一面（东面）设置外部入口。歇山顶组合屋顶覆盖着石板防护。所有窗户的窗台高度为楼面竣工标高以上 3'-0"，所有门楣和窗楣高度都为楼面竣工标高以上 10'-0"（东面墙原有的门和新近安装的滑动玻璃门在可操作门上方 7'-0" 装有气窗）。所有可操作的窗户都是提拉窗，两扇凸窗中心部分为固定玻璃。

地板保留原有的橡木地板。墙面是灰泥，加装 7" 高的木踢脚板。天花板表面也是灰泥，其平整部分高度为楼面竣工标高以上 12'-0"；请参考反向图中天花板中心部分高度差。新的暖通系统将通过天花板上方的加压气流管道来供暖和制冷。供水和废水管道将设于指定管槽内，紧邻南面的墙，处于一层托梁正下方。冲水装置（如厕所）必须设置于离南面的墙或者管槽 10'-6" 距离内。其他装置必须设置于离南面墙或者管槽 12'-6" 距离内。

不允许对建筑外部做任何修改，同时必须保证遵守当地建筑规范标准的基本条款，包括与无障碍通道和设计有关的规定。

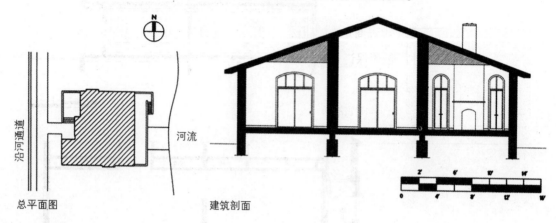

图 2A　建筑外壳——总平面图、平面图和剖面图

图 2A　RC 建筑外壳——天花板反向图

建筑外壳 2B

这座 20 世纪 80 年代的建筑是由小型和中小型 1～2 层建筑群组成的郊区办公园区的一部分，其周边为校园式的绿色草坪。建筑是承重钢筋龙骨墙和层架结构，地面为混凝土板，外墙用砖贴面。当前的项目是一层建筑，屋顶为用盖板覆盖的中心交叉屋脊，天花板使用悬挂嵌入式 2'×2' 隔音砖，高度为楼面竣工标高以上 8′-6″。宽 3′-0″ 的固定窗和宽 6′-0″ 的滑动窗，窗台高度均为楼面竣工标高以上 2′-6″；滑动玻璃门（宽 6′-0″）、铰链门和所有门楣、窗楣高度为楼面竣工标高以上 8′-0″。

墙壁内表面为石膏漆板，加装高 4″ 的塑料踢脚板。暖通系统和管道系统隐藏在天花板内。供水和废水管道系统设于指定的两个管槽和建筑西面的两个裸露管集群内。（这些管集群最后必须纳入管槽或者隐入隔离墙内。）管道装置必须设置在离已有排水立管 12′-0″ 的距离内。

在同建筑开发方建筑师磋商后，对方同意可对建筑外部做适当修改，如改变门窗位置。同时，必须保证遵守当地建筑规范标准，包括与无障碍通道和设计有关的规定。

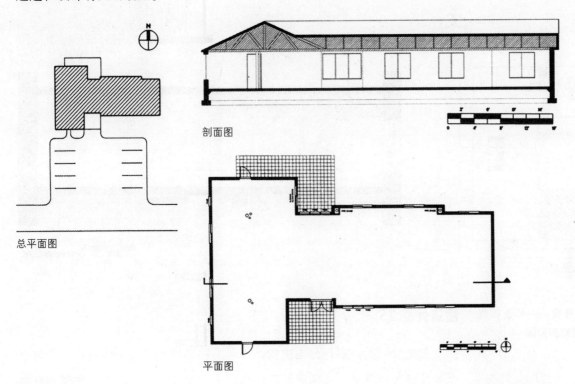

图 2B　建筑外壳——总平面图、平面图和剖面图

建筑外壳 2C

这个项目空间是城市中心大型办公楼一侧末端的一个典型楼面，该办公大楼建于 20 世纪 20 年代，是庄重的学院派建筑风格。正如那个时期盛行的，这座建筑是钢筋框架结构，地面为强化混凝土地板，墙面为十分厚重的石灰岩。所有窗户为提拉窗，窗台高度为楼面竣工标高以上 2′-6″，窗楣高度为楼面竣工标高以上 9′-6″。

原有地面为裸露混凝土。墙内表面为灰泥，装有高 9″ 的木踢脚板。原有天花板被拆除了，取而代之的是使用悬挂嵌入式吸声瓦的天花板，高度为楼面竣工标高以上 10′-0″。新近安装的暖通系统管道将隐藏在吊顶内，一条主管道除外。天花板反向图显示，天花板高度必须不超过楼面竣工标高以上 8′-0″，需要合理利用分隔墙和天花板设置来隐藏主管。所有管道装置必须设置在离紧邻独立柱的两个管槽、东面间隔墙和消防楼梯间 3 个大型管槽，或者北面外墙 12′-0″ 的距离内。图东面的封闭墙标明了所需空间的边界，在此处设立间隔墙，也为该分区设立相应入口。

不允许改变建筑外观，同时必须保证遵守当地建筑规范标准的基本条款，包括与无障碍通道和设计有关的规定。

更多信息详见天花板反向图。

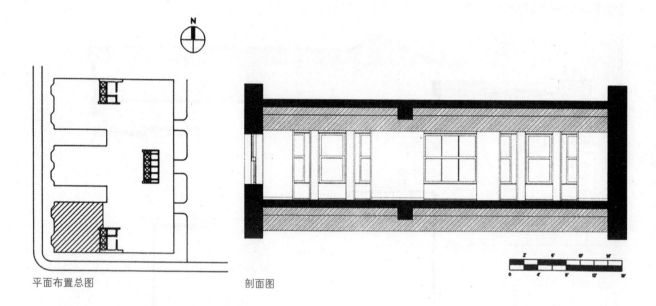

平面布置总图　　剖面图

图 2C　建筑外壳——平面布置总图、平面图和剖面图

建筑外壳 2S

该建筑以前是银行分支机构，为轻型钢结构和承重钢架结构。承重钢龙骨外墙表面贴砖，延伸至平面屋顶以上，形成了一道护墙。方形装饰柱盖用绝缘阳极氧化铝制造，安装在西面、南面和东面的落地玻璃、铝材外墙上。这栋新建筑极其符合其商业背景，从建筑审美上看也赏心悦目，但不具备重大建筑学意义。因此，原有拱顶和内部分隔墙都被拆除了。西面的免下车出纳窗口被凸窗替代，凸窗外观与其他铝质窗户相似，窗台高度为楼面竣工标高以上 2′-6″，窗楣高度为楼面竣工标高以上 8′-6″。

地面为裸露的混凝土板。墙内面和柱子表面是石膏板，加装 4″ 直形塑料踢脚板。原有吸声瓦天花板将被拆除，代以新的吸声瓦或石膏板吊顶系统；吸声瓦样式和尺寸大小由设计师决定。天花板高度不超过楼面竣工标高

设计方案和建筑外壳 | **227**

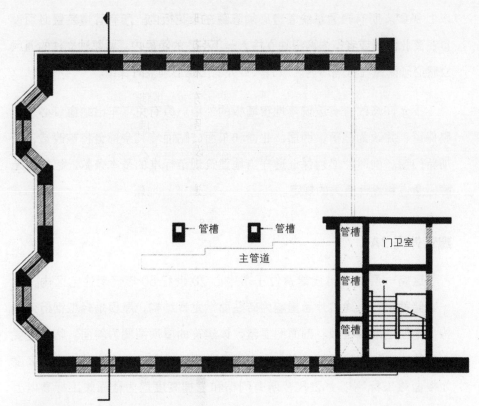

天花板反向图

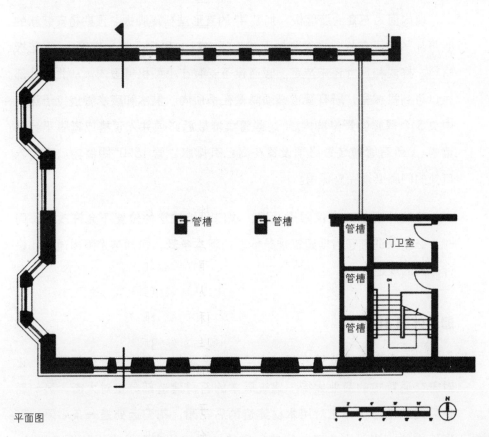

平面图

图 2C　建筑外壳——平面布置总图、平面图和剖面图（续）

以上 9'-0"。所有暖通系统管道必须隐藏在天花板内。所有管道装置必须设置在离北面墙或者室内两根独立柱之一 12'-0" 的距离内。紧邻独立柱的通风立管必须隐藏在分隔墙内。原有入口处的门廊必须完好保留。

不允许修改含有玻璃落地窗墙板的外墙。原有免下车出纳窗口必须完整保留，并改为凸窗，西面、北面和东面砖贴面墙其余部分将被改造，增加新门窗。同时，必须保证遵守当地建筑规范标准的基本条款，包括与无障碍通道和设计有关的规定。

建筑外壳 3A

这座一层高的当代建筑位于市中心 20 世纪 60 年代老住宅区内，是一家储蓄银行。建筑外承重墙为砖贴面钢龙骨结构，屋顶是轻型钢桁架结构；地面是混凝土板。剖面图显示，该建筑的屋顶两侧为斜面。临近主要入口的边窗和庭院西面的窗台高度为楼面竣工标高以上 6"，其余窗台高度为楼面竣工标高以上 2'-8"，所有门楣和窗楣高度均为楼面竣工标高以上 8'-0"。

墙内面为石膏油漆墙板，加装 4" 的直形塑料踢脚板。预期将安装新的吸声瓦吊顶天花板，高度为楼面竣工标高以上 9'-6"（最大高度）；天花板材料、样式和尺寸还未选定。暖通设备安装在小型机械室内，从北面外部入口可到机械室，所有管道必须隐藏在吊顶内。供水和废水管道位于建筑中央 3 个裸露的管集群内。（这些管集群最后必须并入管槽或者隐于分隔墙中。）所有管道装置必须设置在离已有排水立管 15'-0" 距离内。原有入口处的门廊必须完整保留。

建筑外观的改变仅限于北墙，次门和机械室的位置不允许改变。同时，必须保证遵守当地建筑规范标准的基本条款，包括与无障碍通道和设计有关的规定。

建筑外壳 3B

这座仓库建筑位于近郊，这里以前是农村，建筑建造年代不明，正对着交通繁忙的商业大街。建筑原本的石材建造部分正对大街，另一面是后建的木结构，正对用木材建造的后花园，花园远处是一条小溪。石砌墙内侧一直没有完工，建筑后侧的结构墙外表面是木板和板条拼接，

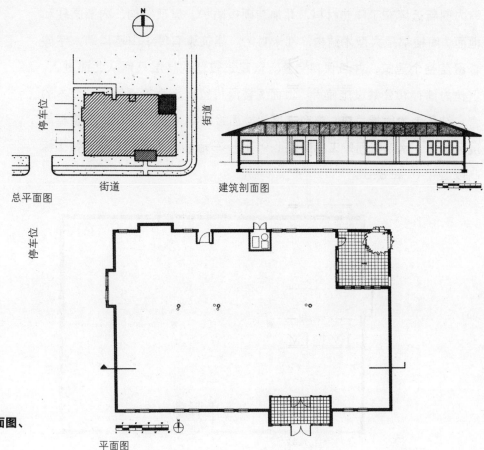

图 3A 建筑外壳——总平面图、平面图和剖面图

新增木结构墙将增设大小、样式和位置合理的窗户。门的开向原样保留或者相应改为窗户。建筑大门处原有石墙上的两处粗糙开口可改为窗户，窗台和窗楣高度根据室内用途而定。

原有地面是粗糙的长木板。天花板未曾完工，距阁楼横梁底面的高度为楼面竣工标高以上 12′-0″。在重建的第一阶段，所有暖通设备和管道将安装在地下室。所有管道装置必须设置于离东西主要墙面 12′-0″ 的距离内。

除上述提及的新增窗户外，不允许对建筑外观进行改变。同时，必须保证遵守当地建筑规范标准的基本条款，包括与无障碍通道和设计有关的规定。

建筑外壳 3C

该空间是城市近郊新建的一栋中高层办公楼的一层楼面。它是钢架结构，中心是服务区，砖砌外墙上安装不可操作的铝质带形窗。窗台高度为楼面竣工标高以上 2′-6″，窗楣高度为楼面竣工标高以上 8′-0″。

墙内侧新近填充了隔热材料，并加装硬板防护。屋顶结构、内部圆柱和地面/阁楼都是大型木结构，都未封闭。建筑原有传统山墙顶端人字屋脊覆盖整个建筑，并且保存完整。该建筑较低的楼层只能从北面进入，仅作为储存和公共设施使用。上面阁楼层将留作将来扩建使用。原本的窗户结构为木质提拉窗，窗台高度为楼面竣工标高以上 3′-0″，而窗楣高度分别为：南墙楼面竣工标高以上 9′-0″；东墙和西墙分别为楼面竣工标高以上 5′-0″ 和 8′-0″。

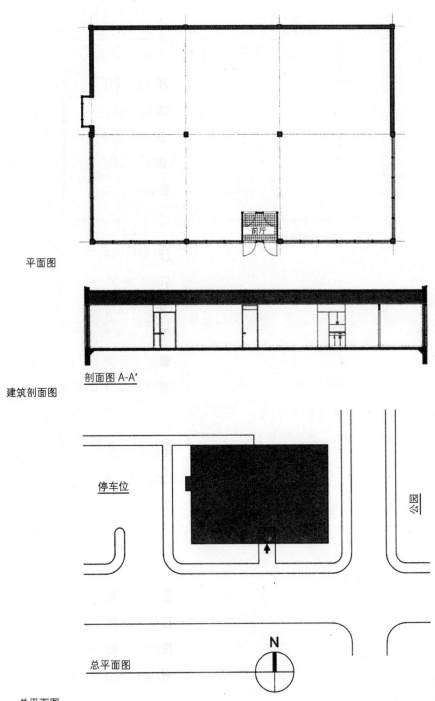

图 2S　建筑外壳——总平面图、平面图和剖面图

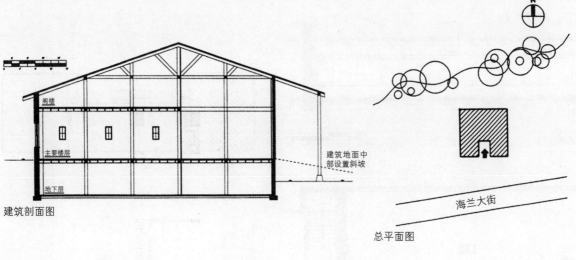

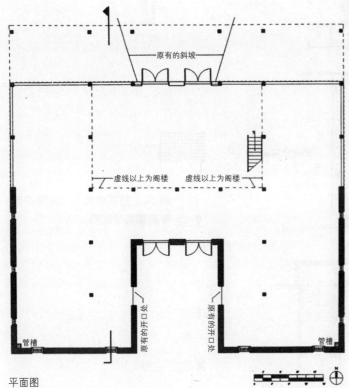

图 3B 建筑外壳——总平面图、平面图和剖面图

  原有地面为混凝土。墙面内侧是石膏油漆墙板，加装 4″ 直形塑料踢脚板。原有的吸声瓦吊顶，包括嵌入式日光灯照明装置将重新设置，以适应修改后的平面布局（天花板高度为楼面竣工标高以上 8′-6″）。所有暖通设备和管道隐藏在吊顶内。所有管道装置必须设置在离独立湿柱（包含管线的柱子）或临近东面间隔墙的 4 个大型管槽之一 15′-0″ 距离内。

  不允许改变建筑外观，同时必须遵守当地建筑规范标准的基本条款，包括与无障碍通道和设计有关的规定。

  更多信息请参考天花板反向图。

232 | 设计方案和建筑外壳

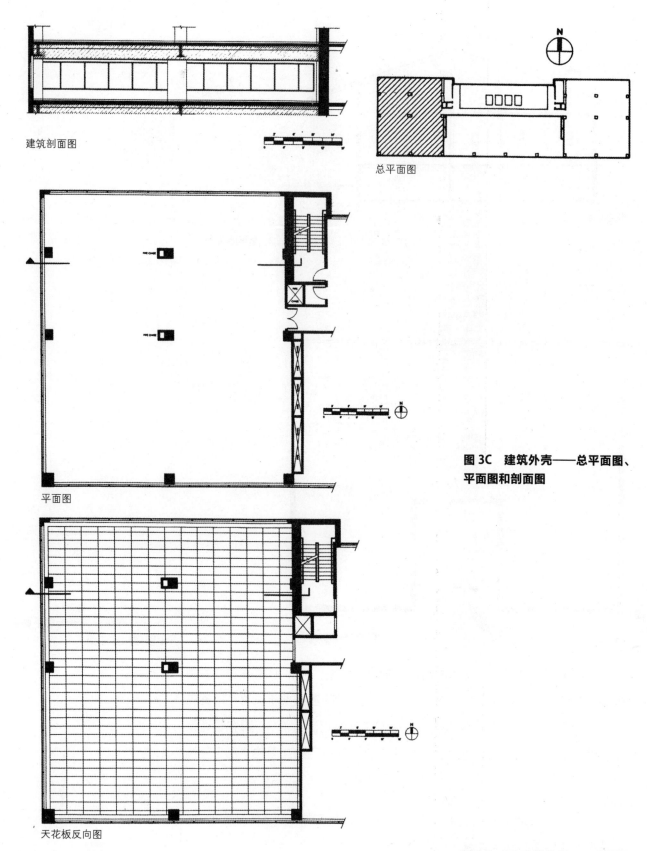

建筑剖面图

总平面图

平面图

图 3C 建筑外壳——总平面图、平面图和剖面图

天花板反向图

图 3C RC 建筑外壳——天花板反向图